和爱因斯坦一起坐电梯

[德]尤尔根·泰希曼 著

[德]蒂罗·克拉普 绘

王泰智 沈惠珠 译

二十一世纪出版社集团
21st Century Publishing Group

图书在版编目（CIP）数据

和爱因斯坦一起坐电梯 / (德) 尤尔根·泰希曼著 ;(德) 蒂罗·克拉普绘；王泰智，沈惠珠译 . — 南昌：二十一世纪出版社集团，2023.8
（"奇思妙想大科学"系列）
ISBN 978-7-5568-7729-4

Ⅰ . ①和… Ⅱ . ①尤… ②蒂… ③王… ④沈… Ⅲ . ①物理学 – 青少年读物 Ⅳ . ① O4-49

中国国家版本馆 CIP 数据核字 (2023) 第 156065 号

Mit Einstein im Fahrstuhl. Physik genial erklärt
written by Jürgen Teichmann and illustrated by Thilo Krapp
©2008 by Arena Verlag GmbH, Würzburg, Germany,
www.arena-verlag.de
Chinese language edition arranged through HERCULES Business & Culture GmbH, Germany
版权合同登记号：14-2019-0243

审订 北京第八中学 王文智

奇思妙想大科学
HE AIYINSITAN YIQI ZUO DIANTI

和爱因斯坦一起坐电梯

[德] 尤尔根·泰希曼 / 著
[德] 蒂罗·克拉普 / 绘
王泰智　沈惠珠 / 译

出 版 人	刘凯军			
责任编辑	杜伟娜			
特约编辑	梅　竹			
美术编辑	赵　倩			
出版发行	二十一世纪出版社集团（江西省南昌市子安路75号　330025）			
网　　址	www.21cccc.com　cc21@163.net			
经　　销	全国各地书店	印　张	5.375	
开　　本	889 mm×1300 mm　1/32	印　数	1~5000册	
字　　数	90千字	版　次	2023年8月第1版	
书　　号	ISBN 978-7-5568-7729-4	印　次	2023年8月第1次印刷	
印　　刷	北京顶佳世纪印刷有限公司	定　价	38.00元	

赣版权登字-04-2023-574　　　　　版权所有，侵权必究
购买本社图书，如有问题请联系我们：扫描封底二维码进入官方服务号。
服务电话：010-64462163（工作时间可拨打）；服务邮箱：21sjcbs@21cccc.com 。

目 录

导读：神游奇幻隧道

靠思想就能做实验吗？能，一定能！而且，这些实验常常是充满智慧的。只要你有丰富的想象力和敏锐的思维，就有可能设计出震惊世界的实验来。比如，爱因斯坦想象中的那部太空电梯，或者一条贯穿了整个地球的奇幻隧道。

真正的实验却是实打实的，因为人们只相信自己的眼睛。在物理学中也是如此。当你看见一个塔楼模型倾倒，或者一个木球和一根羽毛同时落地，你会体验到一种真实的感觉，因为那都是你亲眼看到的结果——真实，可信！而且你可以由此举一反三，亲手做出很多其他的实验来。但

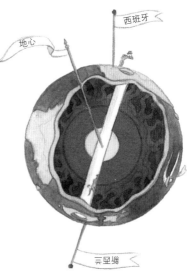

你在做每一次实验之前，常常先要通过思想来实验，这就是我要带你们进入的思想实验的世界。最理想的结果是你的思想实验在真正的实验中得到证实，这时你肯定会很高兴吧！当然，结果也可能完全相反。

在物理学中，思想实验和真正的实验同样重要。力学领域中的这两种实验，你在本书和德意志博物馆里都能够找到。在博物馆的物理展厅，本书中的所有内容，你几乎都可以亲自去尝试一番。

为了激发你阅读本书的兴趣，我们精心设置了一些小问题，这需要你开动脑筋来解答。你可以在本书后面找到它们的答案。但千万别急着去翻答案，因为大部分问题你都可以回答。如果你想知道得更多，书后还有"科学小词典"，在那里，我们的"奇幻隧道"将朝各个方向旋转和延伸。读完本书以后，你或许会比阿基米德还聪明——谁敢说你不会成为四分之一个爱因斯坦呢？

尤尔根·泰希曼

01

倾倒和下落

倾而不倒

比萨斜塔为什么斜着立在那里而不会倒下呢？并且，它已经斜立在那里几百年了！为什么耸入云霄的电视塔不会倒下呢？当然，它并不像比萨斜塔那样倾斜，但刮狂风时，它的塔尖还是要左右摇摆好几米。你可以试着把一根火柴立在桌子上，即使只有一丝气流吹过，它就会倒下。

当然，比萨斜塔或者电视塔并不像火柴那样只是简单地立在桌子上，而是打了地基。这当然是一个特殊的现象，我们马上就会探讨。

自由竖立的物体，什么时候才容易倒下呢？当它特别细的时候吗？是哪个部位细呢？当然是下部！那么如果相反，下部粗而上部细，那它就站立得特别稳。埃及的金字塔就是最好的例子，它们已经在那里耸立了4000多年。但"下部特别细"也不能说明它必定倒下。那么，下部多细的物体才会倒下呢？当下部的宽度是高度的1/3的时候会怎样？当下部的宽度是高度的1/10的时候又会怎样？

关于重心

只要一个木块、一座塔或一座建筑物的重心超出其支撑面时，它就会倒下。那么什么是重心呢？如果我们爬到重心的里面，四处好好看一看，就会发现它的秘密。

在博物馆里

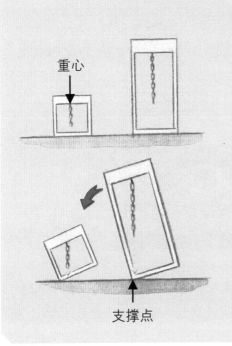

重心

支撑点

在德意志博物馆的物理展厅，有两个挖空的木框。它们都可以被轻轻推倒。当然，长木框会更容易倒下。两个木框是用特殊的方式挖空的，里面的一个挂钩上垂直挂着一根可以摇摆的小链条。链条挂在木框的所谓的重心上。当人推动木框倾斜时，链条并不倾斜，仍然保持原来的样子，笔直地下垂。

它当然也会发生变化：只要它稍稍超越一点支撑点，木框就会倾倒。链条会准确地向你指示出地球的重力想把木框吸引到哪个方向。链条如果指向支撑点的右边，那么木框就向右倾倒，如果指向支撑点的左边，即使超出部分小到连眼睛都察觉不到，木框也会向左倒下。

这种测试链条还有一个名字——测锤。

然而，我们博物馆里的这个部分挖空的长木框，其重心距离它的底部，要比距离木框顶部的金属板（我们看不见它，只能想象它的大概位置）远得多。因此，它的重心位于高高的上部。

小问题

从重心到表面的距离同样远，因而也同样"重"。一个球体，如玻璃弹珠，其重心在哪里？更简单一点，找一块正方形纸板——相当于一个压成平板的木块。它的重心在哪里呢？

这个小实验你完全可以在家里做：先试着用一支铅笔的平头顶着硬纸板寻找平衡。如果铅笔能够平稳地托住硬纸板，各边都不会向下倾斜，那么铅笔平头托的这个点就是平衡点，一般位于硬纸板的中心位置。重心正好位于硬纸板的中心。你也可以用铅笔尖，甚至针尖去寻找更为准确的位置，这里才是可以使纸板保持平衡的中心点，所以人们才说这是重心。你还可以用下面的方法很容易地找到这个点：用铅笔画两条对角线，两线的交点就是重心所在。如果是形状不规则的木块，找重心就会困难一些。如果你从纸盒上剪下一块纸板，再尝试用铅笔去找平衡点，情况就会完全不同。

哪个先倾倒？赛车、邮车，还是台灯？

赛车的重心会在哪里呢？肯定很低，不会像木框那样相对很高，因此赛车的车体就特别低。你可以试一试去推翻自己家里的赛车模型或者德意志博物馆里的赛车模型。你让赛车的重心恰好处于支撑面上方，比如两只右轮上方，模型已经很倾斜，但却不会翻倒。

重心

现代赛车不会翻倒

支撑面

重心

支撑面

重心太高，邮车翻倒

　　安装着高高车轮的古老邮车又会怎么样呢？它的重心太高，这很危险，而且车顶上还放了很多东西（客人的行李）！如果马惊了，邮车会很容易翻倒。

　　底座很重的台灯不会轻易翻倒，这又是为什么呢？在正常

重心

状态时，如果从锁链下端的支撑点往上画线，那么台灯的重心应该在台灯底座的支撑面上。也就是说，整个台灯的重量集中在底座的支撑面内，底座的支撑面越大，整个台灯的重心越低，台灯就站得越稳。这就是房间里各种台灯站得稳的诀窍。底座很重，比如是铁的，可以让整个台灯保持稳定，不至于一碰就倒。同样的道理，为了让书架稳定不倒，

重心

较沉的书应该放在下面，这样重心才能低

也应该把较重的书放在下面。

那么拉杆箱应该怎么装东西，拉起来才能更轻松些呢？当然要把重的东西，比如书放在下面，最好能放在靠近轮子的位置，而衣服等较轻的物品则放在上面。如果箱子的重心上移，箱子拉起来会很沉，我们的肩膀和胳膊就会特别吃力。

现在，你应该大概明白了比萨斜塔不倒的原因。它的重心——如果我们按照"博物馆实验链条"的模式画一条线——还远没有超越支撑面。近年来，人们还为它加固了地基，使它的底座更加厚实。

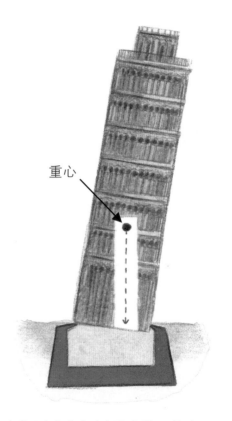

重心

那么电视塔矗立不倒的原因又是什么呢？那是因为人们在电视塔的地下部分用水泥浇筑了一个非常重的底座。如同台灯，如果被轻轻碰撞，也只会摇摆一下，但不会翻倒。

自行车上的平衡

我们骑自行车为什么不会摔倒呢？窄窄的车轮，重重的车身，再加上我们沉重的身体——这一切都压在它上面，它的重心肯定会很高。它之所以不倒，是因为我们不断用身体和双手操纵车身、车把，使它保持平衡，但我们必须先要花点儿工夫去学会骑车。要是没有学习，一上车就会立即摔倒。最难保持平衡的，是自行车停在那里不动，或者只有一个车轮立在地面上——这时如果仍能保持平衡，那骑车人就已经达到杂技演员的水平了。

杂技团里的走钢丝表演

马戏团的杂技演员有时也要利用这个窍门：尽量把重心放低。

你见过走钢丝的演员拿着一根两端略下弯的横杆在钢丝上面行走吗？他拿横杆时的重心比不拿横杆时要低得多。这就是一个有用的窍门，尽管拿着横杆看起来好像危险得多。你能够设想一个走钢丝演员拿着一根两端向上弯的横杆在上面行走吗？我还从来没有见过。当然，这也不是绝对不可能的，却是非常危险的。手中拿横杆的走钢丝演员，是在"不稳定平衡"

上保持平衡。如果重心超出支撑面，人们就称其为"不稳定平衡"。同样，我们骑自行车时，也是时刻处于"不稳定平衡"状态。那么，杂技表演中，在钢丝上行驶的摩托车为什么不倒呢？因为它处在稳定平衡中。只要摩托车沿钢丝行驶，它就可以保持稳定平衡，因为其重心仍然没有超出支撑面。

在博物馆里

一名摩托车手驾驶着摩托车在钢丝上行驶，下面悬挂着一名走钢丝的演员，此时的情况看起来特别危险，但摩托车手却不会掉下来，即使他停在钢丝上不动——除非车轮从钢丝上

倾角

重心在钢丝下面

滑下来。最好在他的轮胎上刻上凹槽，这样可以更稳定些。我们博物馆的模型就是这样——它的重心在钢丝以下，钢丝就是"支撑面"。只有整体的重心在支撑面之上时，物体才会倾倒。如果摩托车手在上面摇晃身体，那么钢丝下面的重心马上就会上升一些——与悬挂在那里的钢丝演员一起。

如果你也想玩一次走钢丝，比如在栏杆上或在狭窄的墙头上走一次，那就是"不稳定平衡"。只要一失足，你的重心就会超出"支撑面"。

Q 小问题

制作一个非常平稳的走钢丝小玩偶：用纸板做一个小玩偶，就像图中那样，然后在它的每只脚上贴一枚硬币。拉起一根绳子，让小玩偶骑跨在上面，小玩偶就会

稳稳坐在绳子上面。它的重心在哪儿呢？请你在图上标注出来。

重心总是往下沉，最终停留在稳定的位置上。所以木块、邮车和自行车倾倒时都会倒在地上，更低是不可能了。那么，我们的纸板小玩偶呢？它的重心也是越低越好，实际是在绳子以下。

相扑运动员为何稳如泰山？

那么，人的重心在哪里呢？这和人的高矮胖瘦有关。日本的相扑运动员，肚子下垂，腿脚短粗，所以重心很低，当然他们就十分稳定。再加上他们还有一双沉重的平足，所以他们能稳如泰山。这对他们很重要，因为这样对手就很难把他们扳倒。而篮球运动员的重心就要比一般人高一些。

重心

肚子越大，重心也就越低

小问题

两根小木棍各有一端被固定在墙壁上，均可以旋转。那么左右两根小木棍的平衡有什么不同呢？

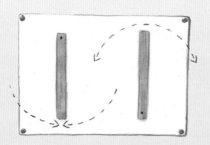

如果是在中间固定的，那么这根小木棍的平衡又是怎样的呢？

穿越地球

有一个大胆的假设：假如没有地面，那么木框、邮车和相扑运动员就会掉下去，能够掉到多深的地方呢？设想一下你在墙头上走"平衡木"时，不小心掉进了工人刚刚挖好的一个大坑，由于地球的重力作用，你的下落速度会越来越快，最后掉到坑底，摔成骨折。但是，假如大坑很深，穿过地心，直到地球的另一边，那会是怎样呢？西班牙和新西兰正好在地球一条直径的两端，如果你从西班牙出发，那么你会先抵达地球的中心，那里差不多就是整个地球的重心，它吸引着地球上的一切。

但是，如果你降落时来到了地球的重心（没有在地心炽热的岩浆中烧成灰烬并蒸发，而且不考虑空气的阻力和其他的力），那么你就会获得极其高的速度，而且根本就停不下来。你将会在洞中继续掉下去，直到地球的另一面。然而，你的速度却将慢下来，越来越慢，因为地球的重力想把你拉回来。然后你非常慢地到达了新西兰一端：速度和你在西班牙掉下坑时完全一样。新西兰人看到你肯定会目瞪口呆。你却没有时间去摘一个奇异果或其他什么东西，因为如果当地的岛民不扔给你一根绳子让你抓住，你就会立即又掉回坑里去，就像是有一根无形的橡皮筋又把你拉回去。你又会回到地球的重心，然后继

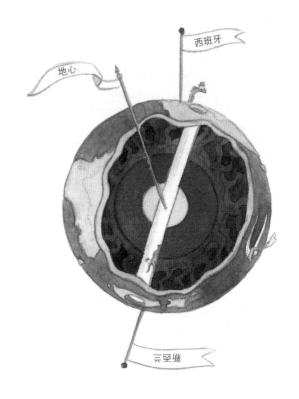

奇幻隧道

续掉下去，但越来越慢，最后又回到走平衡的墙头上。然后你立刻又会被拉回去，就这样无休无止地在坑道中穿梭——一种没有任何绳索的蹦极运动。

　　以上的假设没有考虑以下三种情况：第一，空气对人有阻力；第二，地球内部无比炽热；第三，可以从西班牙直抵新西兰的隧道不可能存在。如果有，它就必须是12 700千米长——和地球的直径差不多，可我们人类目前能够勘探的深度才十几千米深。假如没有以上三点，那我们确实可以用闪电般的速度去新西兰旅行。我们大约需要42分钟的时间，就可以抵达地球的另一端。

但你可能根本就不想去新西兰，而想去巴西的雨林看一看。那就请吧，我们挖一条从这里去巴西的奇幻隧道——穿过半个地球。同样，在这里你也只需要下落42分钟，尽管它的距离要短一些。然而，我们还必须估计到：这条奇幻隧道中空气对你的阻力，而且在通往新西兰的隧道里滑行，你还会撞到坑壁上，这种现象你无法避免。有关这个问题的更多解释，请查阅书后的小词典。

问题很清楚，不论这条隧道通向哪里，它总是需要42分钟的时间——当然是在没有空气阻力、没有炽热岩浆的情况下。很奇怪，是不是？在小词典里，你会得到更多这方面的知识。我在这里只想告诉你：因为你在这条隧道里下落不会掉进地球的重心，所以也不会太快，如果是较短的距离，情况也是如此。

02

**和阿基米德
一起做实验**

怎样才能玩好跷跷板

"给我一个支点，我可以撬动整个地球。"哲学家、数学家和物理学家阿基米德在2000多年前曾这样描述过杠杆的神奇功能。杠杆实际上并没有什么特别的地方：每个玩过跷跷板的孩子都知道，跷跷板的另一端必须坐一个胖朋友，自己才能被很轻松地跷起来。不过，阿基米德发现了杠杆平衡条件的计算方法。

而如果想让杠杆平衡，那个胖朋友应该坐多远呢？阿基米德的答案是：如果胖朋友的体重是你的两倍，他就必须坐在跷跷板的另一端，且到跷跷板支点的距离为你的一半。

如果你的体重只有你胖朋友的 1/3，为了保持平衡，那他得坐在距离跷跷板支点多远的地方？

跷跷板保持平衡，人们就利用了杠杆原理。杠杆原理适用于整个自然界和技术领域——这是一条铁的原理，是一个自然规律。它和人为的法则不同，是任何人都无法回避的。阿基米德曾设想一个巨大的跷跷板，他坐在一端，地球在另一端。用他的杠杆原理，我们可以计算出来，他得坐在何处才能把地球撬起来。

我们设想，阿基米德作为狂热的科学家，吃得很少，因此阿基米德很瘦，而且当时的人也比现在矮小得多，所以体重只有60千克。而地球的质量则是6亿亿亿千克，用数字表示则是：

600000000000000000000000000

6的后面加上24个0！这么重？要比阿基米德重1000万亿亿倍——1后面加23个0（物理学家所说的千克，指的不是重量，而是质量，但我们暂且这样说，在后面的小词典里再做进一步解释）。那么阿基米德在他的幻想跷跷板上得坐多远呢？这当然还要看地球在这个不可能存在的跷跷板上坐在哪里。我们假设让地球坐在距离跷跷板支点10千米的地方。但这实际上毫无意义，因为地球本身就有12 700千米的"腰围"。我们可以根据他的杠杆原理进行计算：阿基米德必须坐在10千米乘以1后面加上24个0的地方。这已经远远超过了我们今天所认识的宇宙的半径！而在阿基米德生活的时代，人们对宇宙认识的范围更小！不论怎样，比已经认识的宇宙还要长的杠杆，那是不可能存在的。

如果伟大的阿基米德确实说过这样的话，那他肯定是在幸福的狂热中胡言乱语，并没有经过精确的计算。就像我们在特别幸福的日子里会高呼"今天我要把全世界买下来"一样。这个巨型跷跷板不可能存在的另一个原因是：假如阿基米德坐在距离地球那么远的宇宙空间，那他已经几乎失去地球的引力了，他也就没有了重力，他根本就无法玩这个跷跷板。

在博物馆里

在德意志博物馆里，你可以玩一玩小型的"阿基米德"跷跷板，把上面的砝码来回移动。你可以设想那个大砝码是地球，而那个小砝码就是你。

我们称跷跷板为双向杠杆，因为它中央是可以转动的支点，左右两端是杠杆臂，一个是阻力臂，一个是动力臂。跷跷板的平衡条件是：

$$阻力 \times 阻力臂 = 动力 \times 动力臂$$

动力臂越长，就越能够比较容易地把另一端的物体撬起来。几倍长就等于几倍轻松。

阿基米德用数学方法对杠杆原理进行计算，但人类在这之前很久就开始使用杠杆。木质杠杆甚至可能是我们的祖先在数十万年前使用过的最早的工具——还在石器时代的石斧之前——就像我们今天使用的撬杠：如果我们把铁棍插进机器下面，而且这根铁棍又有一个弯曲的端头的话，铁棍就可以把这台机器撬起。

一根撬杠可以省很多力气

随处可见的杠杆原理的应用

杠杆原理都被用在哪儿呢？我们的拉杆箱就利用了杠杆原理。因为从轮子处只伸出一支动力臂，所以我们称其为单向杠杆。整个儿的负荷（我们可以设想它是整个箱子的重心）和你拉起箱子的手，都在支点的一侧。而支点则是贴在地面的轮子。如果你拉住距离重心8倍远的地方，你就只需要使用箱子重量1/8的力气把它拉动起来。

重心

为什么如此烦恼？你只需要1/8的力气呀！

小推车也可以看作一个单向杠杆，也就是说：你只需要在距离车斗尽量远的地方扶住车把就可以了。那么，车斗里应该如何装载石头，推起来才更轻松一些呢？你应该尽可能将同样重量的石头分布在车轴的附近，这样小推车就像是一个跷跷板，你轻轻一推它就动了。

小问题

　　请仔细观察下图，哪些是杠杆，哪些不是，请在是的图上打钩。

　　小提示：一个杠杆必须要有支点，这样才能节省力气和平衡力量。

杠杆原理对大吊车非常重要。在长长的吊臂上挂一个装满混凝土的沉重水泥罐，吊车为什么没倾倒呢？因为，在吊车架的另一端，即在吊车脚下，放了很多重物在底座平台上，它们和沉重的水泥罐保持了平衡。

　　吊臂是石头平台的 10 倍长，而我们的水泥罐重 200千克，那么平台上的石头要有多重，吊车才不会倒下来？

　　人的胳膊、腿和下颌也都是天然的杠杆，巧妙地借助肌肉的力量，尽量让阻力和阻力臂乘积保持最小。你可以试一试伸长手臂去提起一件重物，例如 3 本厚书，你会发现这比手臂贴近身体时提重得多。同样，举重运动员举杠铃时也要让杠铃尽量靠近身体。

阿基米德传说

阿基米德生活在西西里的叙拉古。当时，这里是一个富有而强大的城邦，从希腊迁移到这里来的希腊人创建了这个城邦。当时整个西西里都住着希腊人——其实应该是整个地中海地区，但很多这样的希腊城邦正在没落之中。当时还不很强大的罗马帝国已经开始扩张，不断地吞食一个又一个地区。

大约公元前212年，叙拉古也遭到了厄运，那时阿基米德就生活在那里。罗马军队包围了这个城邦，大部分由阿基米德参与修建的复杂的碉堡和防卫武器形同虚设，小城市均被摧毁。阿基米德本是可以活下来的——这样一个天才科学家和工程师，罗马也需要，罗马统帅马塞拉斯曾下令要保护他。但是，军队屠城时，是不问姓甚名谁的，他们看见一位老人正在房前用一根木棍在沙地上勾画着什么，那些嗜杀成性的士兵，对物理和数学也不感兴趣，并不关心阿基米德在画什么。阿基米德在喊出"不要破坏我的圆圈"后，就被杀害了。

阿基米德曾帮叙拉古国王戳穿了一场巨大的骗局。国王想要一顶新王冠，于是给了金匠一大块金子作为原料。过了一段时间，国王得到一顶新王冠，制作得非常精致漂亮，而且重量和原来的金块重量完全一样。这一切看来毫无问题。但是疑心

阿基米德和罗马士兵

重重的大臣们却说："我们怎么能够知道，他是否私吞了纯金，而把便宜而轻的金属掺了进去，只不过多放些，使其总分量没有变化呢？"

国王去请教阿基米德，阿基米德把王冠和一块等量的金子放在天平的两端（即一个跷跷板），那么它们的重量当然一样。然后他把两个秤盘放入水中，如果王冠不是用纯金制成，它自然要比金块漂得高些。为什么呢？为什么王冠的一侧会翘起来呢？因为王冠的金属由黄金和"伪金"混合而成，"伪金"的金属密度低，同等质量下，自然比纯金体积要大一些，所以排开的水量也比纯金多一些。这就是著名的阿基米德原理。

结果，王冠在水中比纯金漂得高一些。看来，王冠里面确实掺了"伪金"，金匠也为此丢了脑袋。

在博物馆里

关于王冠故事的原理，我们可以在博物馆里进行实验。人人都可以亲自动手试试看。我还可以告诉你们一个秘密，博物馆里的金块也不是纯金，否则小偷早就把它偷走了。

03

齐心协力
和力不往一处使

力的合成和分解

除了拉我们向下的重力，生活中还有很多其他的力。力既能合成，又能分解。合成很容易理解：如果5个人一起推一辆抛锚的汽车，很容易就能推走，比一个人推要轻松得多，当然前提条件是大家要朝同一个方向推。现代的机器发明之前，要想把沉重的石头拉上正在修建的教堂，或者把很多木桩打进地下，就需要很多人一起向上拉或往下砸。

在建房子时，如果地基不够坚固，就需要打木桩才能在上面建造建筑物。例如，地中海边的威尼斯，城市的大部分都建

历史上的夯：这样可以把4个人的力集合起来

筑在木桩之上。为了把这样的木桩打进地下，几百年来，人们一直使用夯：几个工人一起把一块沉重的夯石拉高，一声令下，一起松手让它砸下去，一直把木桩砸进地下足够的深度。今天人们使用的是机械打桩机，大多数情况下人们也不再往地里打木桩，而是打钢筋了。

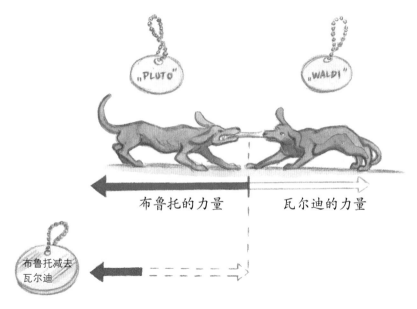

如果两只狗嗷嗷地抢一根骨头，一只朝一个方向拉，另一只则朝相反的方向拉，会出现什么状况呢？如果它们的力气一样大，那么骨头就会原地不动——向左和向右拉的力相互抵消了。但如果一只狗的力气比另一只狗稍微大一些呢？那它就会把骨头和另外一只狗一起拉到它这边来。

力的平行四边形法则

想象你在一条河里逆流游泳：如果你的力和河水冲击的力一样大，你就会原地不动；如果你的力不如河水的冲击力，那么河水就会慢慢把你冲走。只有你的力比河水的冲击力更大时，你才能够向前进。

如果你想游到对岸去，又会发生什么情况呢？假设，你比河水的力强大一倍半，而对岸恰好是一片理想的浴场。从正对浴场的位置出发，你能够正好游到那里去吗？不能，在你横渡的时候，河水会把你冲下去一段，你将到达对岸稍下游的一个地方，或许正好在一片芦苇丛中。你的力和河水的力，将形成下图这样的合力：

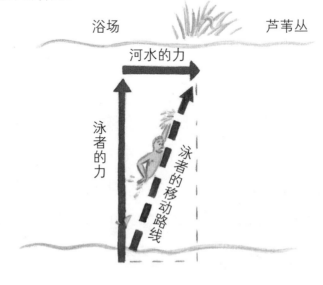

每个箭头各表示一个力，斜箭头则是你的力和河水的力形成的合力，你可以很容易就画出这个合力，那就是长方形的对角线。如果你的力太小，你就会被冲得更远。这确实很容易理解，比如，两只狗抢一根骨头，就像右侧插图里表示的那样，那么两只狗就只能朝斜向行动。

如果想正好到达对岸的浴场，你应该怎么办呢？假设你的力比河水的力大一倍。

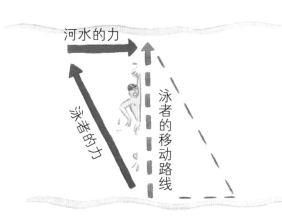

1号狗的力

骨头和两只狗的运动路线

2号狗的力

河水的力

泳者的力

泳者的移动路线

只有逆着水流向上游方向斜着游，
才能笔直到达对岸

现在我们必须画一个歪斜的长方形，我们称其为平行四边形，它既显示速度，也表示力的大小。平行四边形要这样画：把合力画成横跨河水的直线。

你必须按照图中红色箭头显示的方向去游，这样你才能恰好直直地抵达对岸。很奇怪是不是？但情况就是如此。现实中你并不知道你的力比河水的力大多少，所以你只能斜着游，朝着上游拼命游，如果不成功，那就只好游进芦苇丛中了。

宇宙中的力

力的这种合成，对宇宙航行同样十分重要。一枚火箭从地球发射出去，地球的重力试图把它拉回来；进入太空后，它又将被其他天体吸引，如月球、太阳或其他行星。我们只需要好好加以利用，比方我们可以尽量让它靠近木星，木星的引力就可以加速火箭的运行，让火箭的飞行路线拐弯。或许可以按照计划，直接降落到土星的卫星泰坦之上。就像你游泳时，顺流游比逆流游要快得多。

宇宙航行中力的计算，当然不能靠简单地画一个长方形或者平行四边形就够了，只有超级电脑才能计算出它每时每刻的飞行路线。而且，行星和太阳的重力也不像河流的力那样简单和直观，它们总是集中到一个点上，即重心上。

另外，与太阳和巨大的木星相比，我们的地球是相当微小的。这也是我们的福气。首先我们的火箭较容易离开地球飞向太空；其次，这可以保护我们少受不速之客的侵袭：太阳和木星的引力要大得多，所以它们经常受到来自小行星或流星体的袭击。一颗直径1千米的小行星，如果撞到地球上，就会发生世界性的灾难：小行星撞到陆地，尘埃会使大气层变暗，影响生物生存；小行星跌入海中，会引起海啸，掀起难以想象的滔天巨浪。

斜坡效应和葡萄酒开瓶器

和力的合成同样重要的是力的分解，特别是在相关技术领域，应用十分广泛。或许你会问：力的分解是否也可以画长方形或平行四边形进行计算，只是反过来？确实如此！这里首先只是一个力，这个力可以"劈成"两个分力，如右图所示。

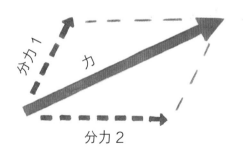

日常生活中哪里有力的分解呢？常见的有斜坡效应：一辆汽车爬一个斜坡，汽车的重力被分解为垂直于坡面的压力和沿着坡面向下的分力。汽车发动机如果想要拉动汽车爬坡，就要

先克服这个将汽车沿斜坡向下拉的分力，然后才有可能向上行驶。所以，此时汽车发动机的负担要比在平地上大得多。而因为垂直于坡面的压力，汽车轮胎才能接触坡面，轮胎和坡面之间才能产生摩擦力。坡面越陡，压力越小，汽车越容易往下滑，斜坡效应也就越明显。

这种往下拉的斜坡效应，我们还可以从一个葡萄酒开瓶器上看到。我们把起子的冠帽扣在葡萄酒瓶上面，然后把螺旋尖头插进软木塞内转动，一直朝同一方向转下去。你看，奇迹居然出现了，螺旋反而朝着它的螺纹的反方向转了上来，同时把软木塞拉了出来。它就像是一面卷起来的斜坡。你不必用全部力量去对付软木塞的反拉力，而只用较小的力就可以达到目的。

在博物馆里

在博物馆里，有三个简单的实验：在一个楔形垫块上压上一个重砝码，旁边的平地上也放一个同样重的砝码。在楔形垫块上的砝码要比平地上的砖码更容易推动。同样，我们也可以用螺旋机构，上面放一个重砝码，推动它就更加容易，它甚至像黄油一样轻了，这类似于那个开瓶器！

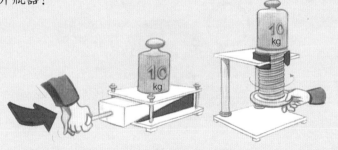

在博物馆里还有一台真正的葡萄榨汁机，就像200年前人们所使用的那样。当时就是用这种巨型的木螺旋把葡萄汁压榨出来，而且只用人力。

斧头的力量

为什么用斧头可以轻易地劈开一块木头呢？如果你用锤子去砸木头，木头绝不会被劈成两半。因为锤子的力只是向下，而用斧头劈的话，力被左右分开了，如果我们运用平行四边形表示，就会看到斧头砍下去的力如何变成左右两个巨大的分力——两半木头确实向两边飞了出去。下面就是斧头砍下时力的示意图。

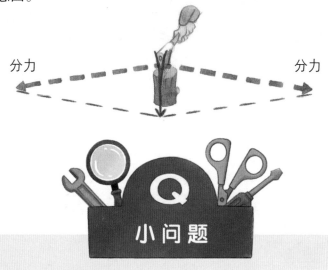

斧头的斧刃能够做到多薄？当然不能无限薄，否则一个有力的打击后就会卷刃了。斧头式的工具，石器时代的人类就已经使用了，尽管他们不懂什么是力的分解，但是石斧已经是他们的必备工具了。后来，人们又制造了铜斧和铁斧。

哥特式建筑的秘密

在设计房屋时，力的分解也常被采用。例如，三角形屋顶的两面均把它们的重量压向斜下方。只有一部分力引向外墙，另一部分力干脆引至外边。距今900年至700年期间，在修建大教堂时，人们曾遇到过一个大问题：因为墙壁上要安装巨大的窗子，墙壁无法承担屋顶的巨大压力，必然会向左右坍塌。于是人们发明了著名的哥特式支柱，叫作"飞券"的薄支架。

这种外形美观的支柱可以从外部支撑外墙，因为它把屋顶危险的侧推力引导至地下。拱形桥梁的桩柱和教堂的支柱一样，也能够把桥的侧推力向左右引导。但桥梁的桩柱必须紧紧地固定在河岸上，绝不能出现侧斜或倒塌。

在德国，很多年来房子都是以尖顶为主，直到现在平顶的房子才越来越多。你知道这是为什么吗？小提示：德国的冬天会下大雪。

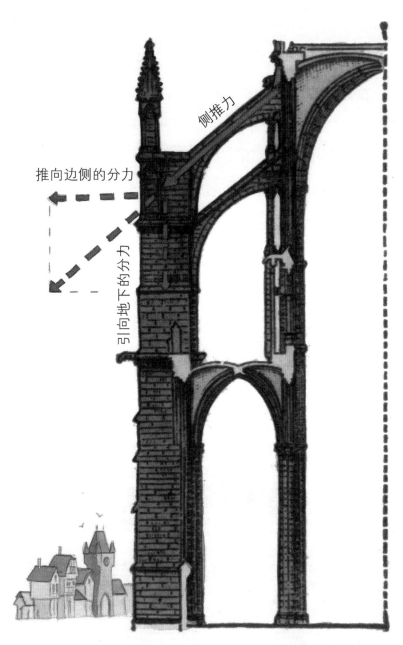

侧推力

推向边侧的分力

引向地下的分力

中世纪的大教堂的各个支柱分解了外墙侧推力

作用力和反作用力

关于力的一个怪诞却简单的现象：如果你和一个力气相当的人拔河，那你们谁都不会动，因为你的力和对方的力达到了平衡。这你已经明白了。但设想一下，你有一个看不见的对手，他很狡猾，把绳子的一端系在墙上的一个铁钩上，可你还是在拼命地拉绳子，以为他在和你较劲，朝着另外一个方向拉绳子。是这样吗？是的，确实还有另外一个力的存在！坚固的外墙和固定在上面的铁钩带来了这个力，我们称其为反作用力。不论在什么地方，每一个作用力自会产生一个反作用力。

在博物馆里

观察作用力和反作用力，你可以在博物馆用一根绳子做实验。不论是左右两端各悬挂一个砝码，还是一端是固定的立杆，一端是砝码，弹簧秤总是显示出同样的读数。你可以观察到，固定的立杆有些倾斜，试图重新恢复状态，这也是一种反作用力。

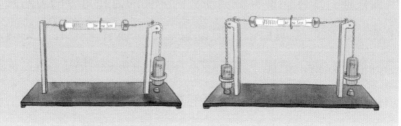

04

滑轮组和自行车

有用的滑轮组

滑轮无疑是为了应对沉重艰难的劳动而做出的发明。自从有了强大的现代电动机（如起重机上使用的那种）以后，滑轮的重要程度已经不如当年了。只是虽然滑轮多被液压器或齿轮所取代，但生活中依然常常可以见到它被使用。

滑轮组是2000多年前的希腊人发明的，因此，埃及人在4000多年前修建高大的金字塔时还没能享受到滑轮组带来的便利。

滑轮组

你可以自己做个实验来验证滑轮组的工作原理，只需要两把扫帚和一根结实的晾衣绳。请两位朋友用手紧握住扫帚柄，然后你站在中间，试着把两边的扫帚往一起拉。如果你的两个朋友坚持不让你拉动，估计你不会成功。接着，你用绳子缠绕两根扫帚柄，多缠几圈，这就产生了滑轮组的效力。你再拉动绳子的一端往前走，你的两个朋友就很难与你对抗了，你甚至可以用一个手指头就能轻松地把两根扫帚柄拉到一起。

那么滑轮组的工作原理是什么呢？我们现在就以两根扫帚柄为例：如果你用绳子缠绕两根木棍6圈（相当于三对三滑轮组），那你就只需要1/6的力量。当然要把两根扫帚柄拉到一起，则需要6倍长的距离。或者说，走动的距离长了5倍。同样的情形，我们拉紧鞋带时之所以不太费劲，就因为系鞋带的小孔相当于滑轮组上的滑轮。但由于小孔、鞋舌和鞋带交叉点的摩擦力较大，也就不可能正好使用1/4、1/6或者1/8的力气才能拉动。

链条和曲柄

正如前文所述，在生活中，齿轮已经取代了大部分滑轮。你肯定见过链条、曲柄和齿轮组成的传动设备，如自行车上使用的传动装置。每一辆自行车上都有一对脚踏曲柄，还有至少两个齿轮以及一根连接前后齿轮的链条。自行车的链条的确是

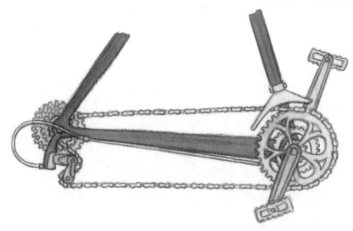

天才的发明：自行车链条

个伟大的发明，与希腊人发明的滑轮同样伟大。

最早的自行车，人们还得用脚直接踏前轮轴上的踏板，踏一圈，就只能前进一个车轮周长的距离。虽然这对爬坡有些好处，但在平地上却并不合适。为改进这一点，人们开始进行改良：把前轮做得大一些。于是，人们发明了所谓的高轮车：脚蹬一圈，前面的高轮子转一圈，那么车子走的距离也就远一些。

但是，骑这样的车十分危险——骑车的人得有和杂技演员一样的平衡感。于是，一个革命性的发明——自行车链条应运而生。它可以连接前面带有脚踏曲柄的大齿轮和后轮的小齿轮。如果你的自行车前齿轮直径为16厘米，后齿轮为4厘米，那么你在前面蹬踏一圈，后面的小齿轮连同车轮就会转动4圈。这样一来，踏一圈行走的距离就要比无链条自行车远4倍。但你蹬车所用的力也是原来的4倍——你获得的加倍距离，必须用加倍的力给以补偿。你爬坡的时候，如果后轮加快轴上选用的是更大的齿轮，比如直径为8厘米，那么你蹬踏1圈，后轮只能转2圈。结果是，虽然必须蹬踏2倍圈数，但你只需要用一半的力，就能蹬动自行车。

这就是自行车的妙处。另外，如果你把前齿轮换成更大的齿轮，效果和后面换用较小齿轮是一样的。

还有一个问题你注意到了吗？那就是前齿轮上脚踏曲柄的工作原理是什么。曲柄的长度大于齿轮的直径，这显然是一个杠杆，它又帮助我们节省了力。

19世纪60年代发明的无链条自行车

1870年开始出现的高轮自行车

05

把地球当作
旋转木马

地球的自转

大家都知道，地球自转一周约为24小时。这是多快呢？我们跟着地球转多少千米之后才能回到"原地"呢？我们当然一直留在地球上，并没有去到外太空。但是，由于地球在转动，即使待在房子里，我们其实也跟着地球在飞转。

当你读完上面这段话的时候，如果你所在的位置在赤道附近，你和地球表面已经转动了超过1千米。你当然察觉不到了，因为一切都在和你一起转动——房子、街道、空气……

有这么一个笑话：一个醉鬼站在路灯下，试图把钥匙插进

门锁里，但那里既没有门也没有房子。一个散步者不解地问他在干什么，得到的回答是："地球是旋转的，我的房子不定什么时候就会转过来。那时我只要把钥匙一插，就打开门了。"虽然这个做法是错误的，但至少他相信地球是在自转的。

你可以做一个测试，去街上问一个陌生人："你好，请问地球是转动的还是静止的？是太阳在我们头顶上转动吗？"结果会令你大吃一惊——现在仍然还有人会告诉你："事情很清楚，是太阳在转动。因为我们每天都能够看见日出和日落。"

一切都在运动

我们从哪里知道地球在旋转呢？

在赤道附近，每一艘船、每一片云、每一滴水都在跟着地球以每小时1600多千米的速度转动——超过了声速，却没有人察觉。但不只如此，问题要复杂得多：地球不仅自转，而且还以每小时10万千米的速度沿着一条大轨道围绕太阳旋转；这还不是一切，我们的整个星系，都跟着太阳以每小时7.2万千米的速度朝着武仙座方向飞奔；而我们的银河系……我不想说下去了，反正这一切我们都感觉不到。难道这些只是科学家的臆想吗？

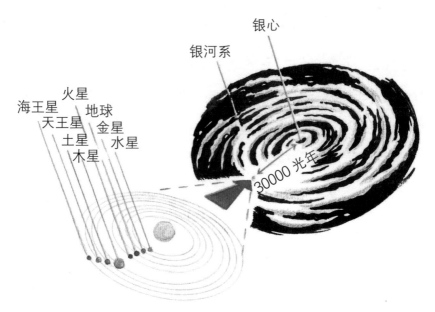

海王星
天王星
土星
木星
火星
地球
金星
水星
银河系
银心
30000 光年

太阳带着地球和其他行星围绕银河系中心飞转

　　我们再回来说地球的旋转。确实，想要证明地球的自转很不容易。聪明人或许会说：空间站上的宇航员或许能够证明这一点，从月球上可以看到地球在他们眼前旋转，这都是最有力的证据——你想得美！空间站同样在旋转，连月球都在旋转。关于宇宙的问题是相当复杂的。

　　我们为什么丝毫感觉不到地球在旋转呢？如果你坐在旋转木马上，当它开始旋转时，你会看到它在旋转，因为周围的一切都停在那里不动。如果你闭上眼睛，虽然看不见，但你仍然能够感觉得到你是在旋转的。为什么呢？好吧，因为风在吹你的脸，因为人们在尖叫。如果你坐的木马在一个封闭的车厢里，你还能有所感觉吗？答案是肯定的。这就好比你坐在汽车里，拐弯时你会被挤到边上。同样，在旋转木马的车厢里也有这样的感觉，因而我们知道车厢和旋转木马在一起转动。

离心运动

离心运动是一种惯性的体现，它使旋转的物体远离它的旋转中心。如果我们不牢牢地抓住旋转木马的栏杆，我们就会被甩出去。一辆汽车超速驶过一个弯道，确实有可能被甩出马路，撞到路边的树上。在体育运动中，链球运动员就非常善于利用它：飞快地自转数次再把球甩出去，球可以落在60米以外。

但地球的问题仍然是十分奇特的。如果地球赤道附近以每小时1600千米以上的速度旋转，为什么没有东西被甩到外面去呢？如果是那样，那么赤道上就不会有人、船只、水滴的存在了，所有的一切都会被离心力甩到地球以外的太空中去。离心力是一种虚拟力，为了方便理解，采用了这种说法。事实上，因为地球的引力要大得多——即使在转速最快的赤道，地球引力仍然比离心力大300倍。所以，我们可以不必担心地球的离心力了。

在博物馆里

德意志博物馆中有一个离心力实验模型：一名摩托车手飞快驶过一个弯道，他立即就沿着一条向上的弧形轨道向外飞去。这种情况在狂欢节和马戏表演中也可以看到，摩托车手在一个大圆桶里飞驰，他们甚至可以"贴"着笔直的桶壁行驶。

同样地，在快速运动着的过山车上，你可以头朝下悬着却不会掉下来，这也是离心力的作用。

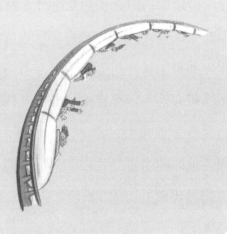

你现在要回答的问题不那么简单：如果你从南美飞往非洲，你的体重是否会比从非洲飞往南美稍轻一些呢？为什么？同样的情况也会发生在从美国往返德国的途中。这到底是什么在作怪呢？

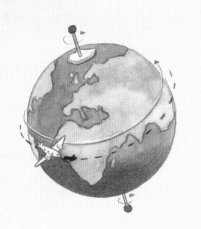

地球并不是滚圆的

我们感觉不到地球的离心力，但地球本身能够感觉得到。它体积巨大，在赤道的离心力自几十亿年前就在拉动它，对它产生了影响。人们测量赤道处的地球直径、南极到北极的直径时，惊讶地发现：从南极到北极，地球的直径为12 714千米，比赤道处要少约43千米——地球被"离心力"拉扁了。当然，与12 000多千米相比，这个差距是微不足道的。

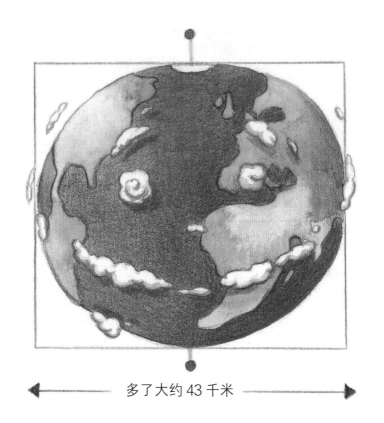

◄—————— 多了大约 43 千米 ——————►

赤道处的地球更宽，当然，我们的图有些夸张了

怎么才能知道地球的直径呢？其实，希腊人早在2000年前就已经知道了。怎么知道的呢？我们在后面再解释。

有一个非常简单的方法能让你测量出地球的直径，当时的希腊人可没有想到这一点。

小实验

　　下一次休假时如果去海边，你可以观察远方海平面上的日落。你需要一只秒表和一条皮尺进行测量。你趴在沙滩上，等到太阳最后一缕光线消失，立即开启秒表，然后迅速站起来，跑到假日别墅的二楼。因为你所处的位置高了，所以你还能看到几秒钟太阳的余晖，等这个余晖也消失，立即按停秒表——尽可能准确。你的目视高度比刚才高了多少？用皮尺量一下这个高度。

　　地球的直径（千米）=760000×高度差（米）÷测量时间（秒）的平方

　　再回到上文提到的那43千米上来。当人们在500年前发现这个现象时，遮挡科学家发现真理的那片树叶终于落了下来。

这是人类找到的第一个证明地球转动的证据。这43千米足以说明：地球是在自转，而不是太阳绕地球旋转。由于这43千米，你的体重在赤道处也会轻一些——当然是难以感觉到的，这是离心力拉扯的结果。因为你距离地心又远了43千米，所以所受的重力就小了一点儿。

在博物馆里

博物馆里有这样一个实验模型：

如果铜条球快速旋转，其上下两端都会被压平，中间被张开。

一个摆证明了地球的旋转

1851年，法国物理学家傅科在巴黎的先贤祠安放了一个摆，摆的长度为67米，底部的摆锤是重28千克的铁球，在铁球的下方镶嵌了一枚细长的尖针，并安放了刻有方位的盘。这个巨大的装置是用来做什么的呢？原来，傅科要证明地球是在自转的。他设想，当摆摆动时，在没有外力作用的情况下，它将保持固定的摆动方向。如果地球在转动，那么摆下方的地面将旋转，而悬在空中的摆具有保持原来摆动方向的趋势，对于观察者来说，摆的摆动方向将会相对于地面发生变化。

在德意志博物馆的塔楼里，有一个能够证明地球在转动的傅科摆。它被挂在塔楼的顶部，自由下垂50米（几乎和塔楼一样高），缓慢地摆动着。每天，它都被我们的讲解员重新推动一次。它始终直向摆动在一个画在地上的圆圈上面，地面上摆放着多个小木块。就在它每天这样摆动的时候，它下面的地球却在转动着。我们大家谁也没有感觉到，因为我们跟着地球在转动。摆下面的圆圈和我们一样，跟随地球一起转动着。但摆却顽强地想直向摆动下去，圆圈上的小木块在摆直向摆动的一天中，一个接着一个地被沉重的摆球撞倒。

在物理展厅，还有一个傅科摆的实验模型：一个小摆锤在一个可转动的圆盘之上摆动着。如果我们缓慢地转动连带摆锤的圆盘，摆锤却不愿意跟着转动，它还坚定地按照原来的方向运行。你可以设想我们就是圆盘之上的微小的人，跟着圆盘转动，当然不会对转动有所感觉。很快我们就会吃惊地发现，摆在你眼前缓慢地改变方向。

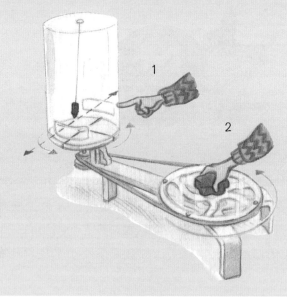

大约 160 年前，科隆大教堂中也有一个傅科摆

我们再回到变扁的地球。如果地球的表面（包括海底）不是由坚实的石头，而是像巨大的木星那样由气体和液体组成的，那地球的两极会更为扁平，赤道处会被拉得更长。

我们用普通的天文望远镜就能看见木星的形状。
木星比地球更为平扁

我们生活在一个空洞的世界吗

最后，我们再讲一个几乎让人难以置信但可能真实的故事：我曾与人讨论，我们是否在地球表面散步。他们坚信我们是在地球内部的平面上，也就是在一个巨大的"足球内壳"中生活。

这只"足球"的内部聚集着太阳和整个星空。我们一直走在"足球"的内壁上，遥望着位于中心的太阳系。光线当然不是直接射向我们，而是曲折的，而我们却没有察觉到。我们脚下的这个巨大的"足球胆"，用它的重力吸引着我们。而且这个"足球胆"不是很薄，而是无限厚。即使我们不断地往下钻，也永远不会触及它的边缘。

这听起来就像是痴人说梦，但是如果我们改变现有的各种物理观念，认为光曲折传播，那么即使最聪明的物理学家也无

难道我们生活在一个空壳地球的内壳里吗？

法回避这个挑战。这个怪论的一个重要的证据就是：如果我们长时间走路，我们的鞋尖则会向上翘，而不是走在球形地球时本应的向下。这当然还有另外一个原因：因为我们每走一步都是用我们的鞋底在滚动。而且，地球如此之大，我们的小脚实际只是走在平面上，对我们的脚来说，地球的弧度并不存在。

06

乘车去找爱因斯坦

强劲的发动机

有很多人喜欢追求加速度的刺激——身体仿佛被挤压在座位上，然后突然又反弹到前面。一辆超级跑车，时速从0提高到100千米，通常只需要6秒钟，而赛车比这还要快。发动机的动力越强劲，车达到时速100千米的时间就越短。如果它的车轮因为打滑抓不住地面而发出吱吱声的话，表明其加速度很大。

但发射火箭时却不会发生这样的事情，只要有足够的炽热气体迅速从火箭发动机中喷射出去，火箭就会比赛车至少快20倍。

有没有一种"超级发动机"的加速度，比任何普通发动机的加速度都大呢？答案是有，这就是重力加速度。只要从椅子上跳下来，你就可以说，你比很多跑车的加速度都要大——可惜1/3秒之后你就落地了。如果想把这个游戏持续更久，可以从10层高楼上跳下来。当然我是不会推荐这个的，因为它会导致致命的后果。蹦极运动却没有这个危险，因为它的停顿是缓和的（如果绳索断裂，那就不妙了）。

从10米高的跳台上跳入游泳池大约有1.5秒的加速过程。地球的引力大约相当于我们跑车动力的两倍，可以在3秒钟内将时速从0提高到100千米。从10米跳台跳水，入水时的时速大约是50千米！跳伞员自由降落期间加速也相当快，但永远不会超过时速200千米，尽管其降落时间长于10米跳台跳水。这是为什么呢？因为空气的阻力，在降落约400米后，由于人体所受重力和所受阻力达到平衡，不会再有加速了，当然真正的

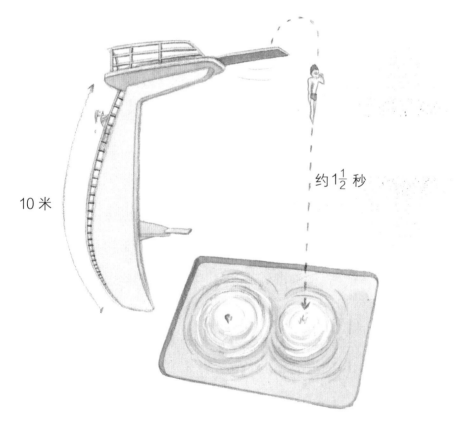

10 米

约 $1\frac{1}{2}$ 秒

自由落体跳入游泳池

"刹车"是降落伞打开以后。要是以每小时200千米的速度碰撞到地上,是没有人能够活下来的。但有些人愿意体验这种刺激——直到最后一刻才把降落伞打开,不过这可不是我的嗜好。

什么叫越来越快呢?伽利略400年前曾进行过仔细研究。最简单的答案就是——人们在伽利略之前就已经知道——一个加速物体的速度每秒钟都以均速增加。一切降落物,比如跳伞员,每秒钟大约增速10米。也就是说,他第1秒后下降的速度约为每秒10米,第2秒后则加倍,接近20米,第3秒后则以每秒29米的速度下降,也就是约每小时100千米。

降落和降落不同

然而,伽利略还纠正了一个2000年的错误结论:一块从山上滚落的大石头要比较小的石块滚下的速度更快;或者,一个沉重的铅块从比萨斜塔上落下时,要比一块较轻的木头速度快。但情况并非如此——甚至是小一点儿的物体下降得更快一些,这是为什么呢?因为那个笨重的铅块对加速度的抗拒和较轻的木头是同样的。对此,爱因斯坦曾做过认真的思考,不过有点儿复杂。但是你可以亲自做一个简单的自由落体实验,而且不需要比萨斜塔。

小实验

右手拿一串钥匙，左手拿一个捏在一起的纸团，然后同时松手，是钥匙先落地还是纸团先落地呢？在伽利略做自由落体实验之前，人们想当然地认为更重的那串钥匙应该先着地。而事实是两个物体几乎同时着地。

但如果我们不把纸捏成纸团，而是把它展开，再做一次实验，那么钥匙串就会先着地了。这是为什么呢？伽利略解释了这个现象：因为有空气阻力！展开的纸和捏起来的纸团相比受到的空气阻力不同，就如同打开降落伞降落比自由落体所受的阻力大得多。但假如没有空气，一大块岩石、一辆火车头与一根极轻的羽毛会以同样的速度降落，在相同的时间落地。在这种情况下，一个跳伞员即使用了降落伞，落地后也是没有机会活着的。

在博物馆里

伽利略当时还无法在真空的条件下做这个实验，但在德意志博物馆里却完全可能：在一个玻璃容器里同时降落的一个小木球和一根羽毛，羽毛当然会摇摆着慢慢着地。但如果我们把玻璃容器中的空气抽出去，那么两个物体就会同时落地。

石头如何降落

伽利略在没有做任何实验的情况下进行思考，觉得大岩石下降时快、小石块下降时慢的说法是不能成立的。我们把这种思考称为思想实验。他是这样想的：如果我把小石块塞到大岩石的凹槽中，然后让它们一起落下去，会发生什么呢？大岩石更重了一些，根据之前的理论，它会更快地降落。但另一方面，由于小石块降落要慢一些，那么大岩石应该受小石块的牵连，降落得慢一些才对。也就是说，一方面大岩石加小石块应该降

落得更快一些，另一方面又应该慢一些。那么到底怎么样才是对的呢？正确的答案是：两个物体下降的速度是一样的。这样就不会有思维的混乱了。没有做实验，却推断出了结论，这是思想实验的魅力。

在月球上做自由落体实验

宇航员大卫·斯科特和詹姆斯·艾尔文，于1971年乘坐"阿波罗15号"飞船登上了月球，他们在那里也做了自由落体实验，在电视观众面前证明了伽利略的观点。大卫·斯科特一手拿着一把沉重的铁锤，一手拿着一根轻轻的老鹰羽毛，让它们同时下落。结果两个物体确实同时落到月球的表面。

关于一块下落的石头是如何越来越快的，伽利略不仅做了思想实验，而且也做了真正的实验，得出了相应的结论。例如他让一个圆球从斜坡上滚下来，并用一个水钟进行测量，看它需要多长时间到达地面。他著名的自由落体定律是：

自由落体的瞬时速度计算公式为 $v=gt$，即不同物体在真空状态下，下落相同时间时的瞬时速度是相同的。如果一个人在此情况下下落，平均每秒约快10米。

位移的计算公式为 $h=1/2gt^2$，即1秒后的物体位移约为 $5×1×1$ 米，2秒后是 $5×2×2$ 米，以此类推。

从真空的奇幻隧道穿行地球

我们再次进入奇幻隧道，贯穿地球前往新西兰。我们先用一种巨型奇幻气泵把隧道里的空气抽空，然后穿着潜水衣带上氧气瓶跳进去。我们的加速度在地球引力的作用下会有多大呢？首先，我们在3秒钟内就达到了时速100千米，然后再继续加速，越来越快，最终到达地心。

我们最后的速度是多大呢？

我们下降的每一秒钟都会加快约10米——比我们的跑车加速度大一倍。我们就是这样飞快加速通过奇幻隧道冲向地心的。但有一个问题，我们在第一次穿行地球奇幻隧道时没有说明：你越来越接近地球的中心点，你的加速度应该越来越小，尽管你的速度还在增加。因为只有你身下的地球在吸引你，而你身

后的那部分却在往回拉你。

最后，你到了地球中心点，在这里，你完全不会受到地球引力的影响。在这一瞬间，没有什么力再拉着你或吸引你，而你这时也达到了时速 28 500 千米。

我们在博物馆里做了仿制件，还原了伽利略的实验室，当年的状况可能就是这样

一个人能够承受多少个g呢？

"每秒钟增加约10米"的数值我们称之为"重力加速度"（文中用g表示），这个加速度使我们在3秒钟内可以达到时速100千米。但它只适用于地球表面，我们进入地球奇幻隧道越深，它也就变得越小。那么，6秒钟可以达到时速100千米的跑车，是多少个g呢？对，只有半个g。

向月球进军的火箭搭载的飞船里的宇航员在加速阶段加速度会更大，这样火箭才有可能离开地球。加速度可以达到好几个g，这对宇航员是个巨大的负担——不仅会把宇航员压迫在座位上，而且还会把他们的皮肤、肌肉和骨骼紧紧压在一起，甚至把血液"赶出"血管。宇航员在这种情况下几乎无法呼吸，因此在执行航天任务之前，他们必须进行高强度的适应性训练，以保证顺利进入太空进行活动。不过，加速度达到了一定程度，就没有人能够承受了。

移动东西时需要力吗？

科学家擅于思考很多理所当然的事情，然后得出全新的论点。例如，人想推或拉一辆车时，为什么需要力呢？一旦车轮开始滚动，推或拉起来就变得容易一些了。滑冰时，最初从冰

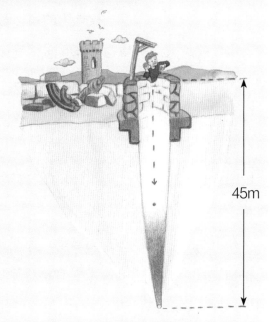

45m

很可惜，你不是宇航员，也没办法真的进入地球奇幻隧道飞。但是，如果你在附近什么地方或者在一座古堡里看到一口深井，那你可以做一个简单的实验：往井里扔块石头，用手表测试它到达底部的时间。伽利略的自由落体定律告诉我们：移动的距离 =1/2 × 重力加速度 × 降落时间 × 降落时间。如果石头落到底部的时间是 3 秒，那井深就是 1/2×10×3×3= 45 米。很有趣吧？测量井的深度就是这么简单。如果你想要更精确一些，你就需要一只秒表，它可以精确到 0.01 秒。

上启动，就需要费点儿力气；启动以后，站在冰刀上你就几乎能自动行走了。这又是为什么呢？

这得从惯性说起。一切有质量的物体，不论是汽车、滑冰者或火箭，其实都想保持静止状态。这从日常生活中可以看到：一个人如果懒于行动，你就必须去推他。与我们人不同的是，一块石头、一辆汽车、一枚火箭的惯性都是很大的——质量越大，惯性就越大。一切物体都倾向尽量保持静止状态而抵制运动①吗？不，并不完全是这样。在冰场，你可以很长时间自由滑行，只是最初启动需要力气。一个玻璃弹球或者台球，只要滚动起来，它就会在一个平坦的台面上长时间地滚动。至于太空中的火箭、地球以及其他行星，它们也在太空中进行永恒的运动。

并不是一切物体都抗拒运动，而是抗拒运动状态的改变，抗拒加速度。为了把火箭发射和推进到太空，火箭需要推力。因为惯性，之后它会自己飞行。但这可能给在舱外工作的宇航员带来危险：一旦他们碰到空间站外壁，就会被撞飞，而且没有什么人或什么东西能够把他们拉回空间站。他们在太空里无处可抓，无处可碰，只能缓慢飞行直到永远。除非带有小型推

---

①物体的平衡状态还应包含匀速直线运动状态，这里只以静止状态来说明。

进器，他们才能重新回到空间站。一般情况下，他们会像水手在船上遇到风暴时那样，用绳索把自己绑在空间站上。

宇宙探测器的永久运行

60多年前，人类就开始不断地向太空发射宇宙探测器，迄今为止，这些探测器有的已经飞行了几十年，并且还在继续运行。火箭的推力通常在进入太空后就已用尽，但火箭推动的宇宙探测器一旦进入太空将永久运行，有的已经离开了我们的太阳系。假如我们当初跟着它飞了上去，那么现在我们眼中的太阳只是众多星辰中的一颗亮星而已。我们希望，这些探测器在遥远的未来会遇到另一个围绕陌生"太阳"旋转的有生物居住的星球。它们就像是人类扔进太空里的漂流瓶，携带着地球上人类的信息。只是，它们将比漂流瓶更难被发现。即使离地球最近的"太阳"——半人马座 α 星，距离我们也有40万亿千米，这些孤独的宇宙探测器，还需要上千年才能到达那颗"太阳"。

在自由落体中失重

地球上，同样"感觉"到下降的石头也在抗拒不断加快的速度，它并不想落下，因为它有惯性。为了让它越来越快，地球还是需要一点儿时间。而且还出现了奇怪的现象：如果我们站在一个秤盘上，上面会显示出我们的体重，例如我是70千克。如果现在秤盘下面的地面突然打开，就像是发生一次地震那样（但愿永远不发生这样的事情），我将和秤盘一起掉下去，那么这时的秤盘上所显示的体重是多少呢？

什么都没有了！真的是什么都没有了！因为我不再给它压

秤盘在自由降落时显示的是什么？

力，它在我脚下，和我一起落了下去。只要我还在自由降落，我就好像失重了一样，同样秤盘也是如此，就像宇航员在空间站里和所有的仪器一样，都处于失重状态。

在大型游乐场里，你会被绑在自由落体机的座位上速降40米。你会在一瞬间离开座位，飘浮在空中，因为你失重了。如果你背着一个双肩背包，这时你感觉不到它的存在，因为它同

你可以在浴室里面做这个实验，只要你有一个指针显示的体重秤——数字显示的电子秤在这里不适用，因为它的反应迟缓。现在你可以站在秤盘上，突然下蹲，就像你要降落那样，秤盘上的指针立即会显示你轻了些。当然你还做不到完全失重。想达到完全失重状态，你下蹲的加速度就要比跑车启动的加速度还要快。而如果你在下蹲的过程中骤停，那秤盘显示的分量反而会增加。

样处于失重状态。而放在你裤兜里的一块小石头，在这一瞬间也会像突然消失了一样。

一切物体都相互吸引

　　到底什么是重量呢？重量是物体受重力大小的度量，重量和质量不同，它的单位是牛顿。质量是物质的基本属性。与此相关的定律是由伟大的英国物理学家牛顿于300多年前发现的：一切有质量的物体均相互吸引。例如两只铁球相互吸引，同样，两个人也是如此（即使他们不想有什么关系）。那我们为什么感觉不到呢？因为这种引力十分微弱，而且两个人、两个球或其他什么东西相距越远，这个力也就越小。然而，如果其中一个物体十分巨大，例如地球，那我们会立即感觉到这个力的存在——它永远吸引我们朝向地球，所以我们才有自己的体重。如果我们有两个巨大的物体，例如地球和月球，那这种引力就看得更清楚了：月球大约每30天绕地球一圈，周而复始，永不停顿。它不会直接冲向地球。几十亿年前，或许是由于陌生的星球撞击，地球的一些碎块以及较小的碎片被甩了出去。它们结合在一起，却无法飞走，形成了月球。因为地球往回拉着它们，但也无法把飞快运行的月球完全拉回来，于是它就在地球的引力下，被迫在一条椭圆形的轨道上绕着地球飞行。

　　同样，月球也有引力：大海因为月球的引力变化才有涨潮和落潮。太阳也在吸引地球和其他行星围绕自己旋转。这就是牛顿的万有引力定律。

在空间站工作的宇航员一直处于失重状态，返回过程中他们像坐自由落体机那样，连同设备一起向着地球急速下降。那么，太空中的月球也是失重的吗？

在博物馆的物理展厅有一个实验设备，向我们展示了一颗铅弹的微弱引力。你可以让工作人员给你演示：在一根细线上悬着一根秤杆，两端各有一颗小铅弹。在每颗小铅弹前面各放着一颗大铅弹。如果把一个大铅弹突然移向另一边的小铅弹，我们就可以从一面镜子里看

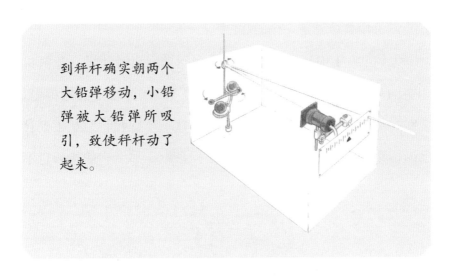

到秤杆确实朝两个大铅弹移动，小铅弹被大铅弹所吸引，致使秤杆动了起来。

和爱因斯坦一起坐电梯

爱因斯坦是所有物理学家眼中的"超级明星"——如果阿基米德和牛顿不反对的话。在爱因斯坦之前，谁也没有认真地思考过一个问题：如果你在自己的房间里，安静地站在称体重的秤盘上，称出你的体重是50千克。如果你在滑冰时，有人想让你加速，他要先测量一下你抗拒加速的惯性。我们设想一下，他用平时称包裹用的弹簧秤拉你，看需要多大的力才能把你拉动。如果他用重力加速度的标准，即g的数据让你加速，那么弹簧秤上显示的数值，同样是你的体重50千克。爱因斯坦觉得这很奇怪：第一次测量与重力有关，而第二次测量则与加速度有关，为什么结果是一样的呢？

　　大约100年前，他就在思考这个问题，当时还没有速降机和空间站。他当时思考："如果我站在100层高楼上的电梯里，缆绳突然断裂，我像一块石头一样飞速下坠，我将感觉不到自己的体重。如果此时我正站在一个秤盘上，那么它的指针也不

美国

　　不论是在自由降落中，还是飘浮在太空中，爱因斯坦在他的电梯里都是失重的

会有任何反应。电梯里的一切都飘浮在空中，比如手帕、螺丝刀、起子，以及我吐出来的口香糖……"

　　爱因斯坦的思想实验持续不了太长时间，大约7秒后，他就会被无情地摔在地上。但就是这美妙的7秒，激发了爱因斯坦的天才推理：在没有窗户的电梯里，人们无法判断是否真的是从100层坠落。可能是绳索断了而导致电梯坠落，或是地球被"偷"走了，电梯此时在失重状态下飘浮于太空中的某个地方。这两种情况实际是完全一样的：电梯内的一切都没有重量。

让我们现在再次进入那条穿行地球的奇幻隧道，抽光里面所有的空气。我们坐进这部电梯，让它在隧道里坠落。电梯必须是封闭的和隔热的，这样我们就不必穿隔热服。电梯下落后，速度会越来越快，一直到达地球中心，然后越过中心冲向新西兰，然后再回来……永远在欧洲和新西兰之间穿梭。我们在电梯内会有什么感觉呢？什么都没有！绝对什么都没有。我们每时每刻都处在失重状态中，根本就察觉不到我们的速度也在时时刻刻变化，而且是以最高达每小时28 500千米的速度不断穿行在地球奇幻隧道里。这就好像我们在失重的电梯里飘浮于太空的什么地方，如果我们没有刻意向外看，我们根本就无法确定是否有一个地球存在，或者我们周围还有什么。

于是爱因斯坦断言：我所测量的所谓惯性物体，如果在处于加速度为g的状态时测量，它和我用浴室秤盘测量的重量在任何地方都是相同的。虽然不知道为什么，但事实就是如此。如果我们不仔细观察的话，可能会把它和重力混为一谈。电梯实验就说明了这个问题。

爱因斯坦认为，牛顿所提出的重力根本就不存在。牛顿曾认为每个星球都存在一个重力，像章鱼一样吸着一切。但事实

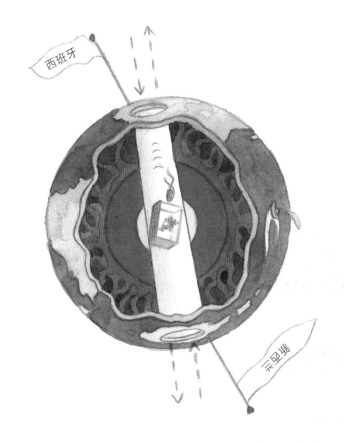

如果我们穿行地球下落，我们在电梯里会有什么感觉？

可能是这样的：星球及其他一切巨大而沉重的物体，它们压弯
了空间和时间，就像是很多无形的轨道，一切都必须在上面
运动。

在弯曲的轨道上穿越时空

你可以设想一下，你在一座楼房的第四层观看下面的游乐场。孩子们正在那里玩弹球游戏，他们用沙土堆起小山丘，在地上挖了一些小洞。山丘和凹洞，你在四楼上面看不太清楚。但你可以看到那些玻璃球沿着奇怪的轨迹在运动，不是直的，而常常是弯曲的，时快时慢。因为你看不清小山丘和小凹洞，会以为有一种神奇的力量在让小玻璃球忽左忽右、时快时慢地滚动。

爱因斯坦认为，就像沙土中的这些小玻璃球一样，太空中的火箭也是如此。如果火箭接近一个星球，它们就会被迫进入无形的轨道朝着星球驶去，我们把火箭受到的力称为重力。现在呢，只是由于我们可以看见一些行星和太阳，所以我们才习惯性地以为这种重力是存在的。而实际上，这只不过是巨型物体对时空的弯折。

在游乐场，我们乘坐的过山车在特别弯曲的轨道上行驶时，速度特别快。假如我们看不见这条轨道，也不知道它的存在，我们就会以为有一种神奇的力量在拉着我们。

弯曲的光

　　甚至连光都得沿着这样的无形轨道运行。在质量特别大的物体旁边，例如我们的太阳，这条轨道就特别弯曲；甚至连光都要被拉过去——当然比一枚火箭被行星拉过去的程度要轻一些。但是，光被拉弯的现象是可以得到证明的：如果一个星球距离太阳非常近（当然要比日地距离远得多），我们就可以测量出它是真的位于我们肉眼观察到的位置，还是由于它发出的光必须在太阳旁边穿过，所以才变得如此弯曲，以至于我们所看到的位置只是个假像。但是只有在光芒四射的太阳完全被遮住

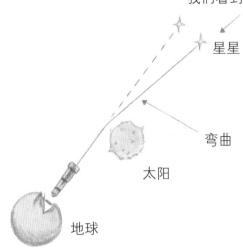

我们看到的星星是在这里的

星星

弯曲

太阳

地球

光变得弯曲了，以致我们看到的星星并不在它实际所在的位置上

时，才能找到这个证据，因为只有这时，这颗星星的微弱光芒才是可见的。

这种错觉我们也可以这样设想：你将一把牙刷浸入水盆的水中，它看上去就是弯曲的，因为从水中发出的光是弯曲的。然而，在太阳近旁穿越的星球的光，不是穿过水，而是穿过被太阳弯曲了的空间。这是很奇特的，因为这个空间几乎是真空的，而不像是水盆里装满了水。

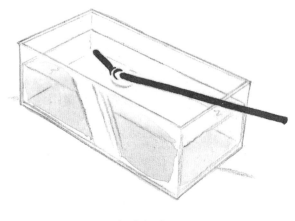

光的折射

你们知道爱因斯坦最后的玩具是什么吗？是他1955年去世前夕得到的一件生日礼物。那是一柄上端装有一个玻璃罩的空心木杖，玻璃罩下部的木杖里有一根弹力不大的弹簧，连接着外面的一颗金属球。弹簧试图把金属球拉进木杖口的一个小托盘里，但由于弹簧的弹力太小，不管你如何晃动木杖，金属球总是在托盘边缘转悠，就是进不了那个托盘。但如果你把木杖连同弹簧和金属球高高举起，让它们笔直落下，那个弹簧一下子就把金属球拉进了托盘。这是什么原因呢？请想一下朝地心坠落的电梯吧！木杖落下时，整体都处于失重状态，包括刚才不能进入托盘的金属球，那个弹力微弱的弹簧这时就有了力气，把没有任何重量的金属球拉下来。这个玩具使爱因斯坦很开心——他关于电梯坠落的观点，变成了一个可爱的玩具。

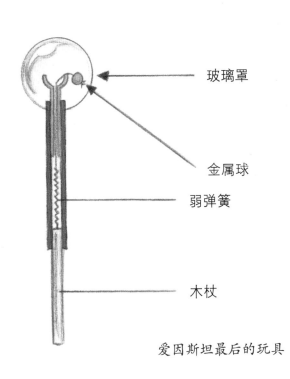

玻璃罩

金属球

弱弹簧

木杖

爱因斯坦最后的玩具

　　试着仿造一个爱因斯坦最后的玩具吧！你只需要一个用过的酸奶盒、一个空心长纸管、一根长棍、一根橡皮筋作为弹簧，再加上一枚螺母代替金属球。试试看，你能行吗？

弯曲的空间

爱因斯坦的弯曲空间，我们很容易仿制——当然这只是一个想法。太空里的这种空间我们看不见，但下面这个小小的仿制实验却可以显示出，经过太阳周围的光变得弯曲，只是因为空间的形状发生了变化。

这一切都是在没有那神秘的重力情况下发生的，只是因为太阳周围或者整个银河系周围的空间与根本没有星辰的地方完全不同而已。可惜的是，这一切我们都看不见。

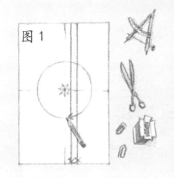

图 1

1. 在一张纸上画一个直径大约 12 厘米的圆圈——可以借助 CD 盘来画。在圆心画一个太阳——你也可以把它看成是半人马座 α 星。然后在圆圈外边画两颗星星，经过它们画两条直线穿过圆圈作为光线，其中一条距太阳较近。这时两条光线直接穿过圆圈而没有弯曲，太阳周围的空间只是平展的白纸。

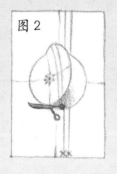

图2

2. 现在用剪刀把圆圈剪下来，然后在一边剪一个缺口直至圆心，把它围成个锥体，让太阳在锥体尖上。用曲别针把锥体固定。

3. 现在把锥体对准白纸上被切断的光线，即来自两颗星直至中间剪成的圆洞边缘的直线，锥体上的光线直接对在被剪断的光线上，于是，来自星星的光线又同锥

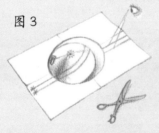

图3

体上原来的光线接通了。你不必奇怪，它们当然不是原来的样子，而是已经弯曲了；不再从原来画在纸上的地方发出来。接近太阳的那条光线产生了较大的弯曲，另一条则弱一些。

加速度可以制造重力假象

在时空轨道上，我们可以用加速运动等效于重力。反过来，加速运动也会给我们制造重力假象。我们设想一下，一艘宇宙

飞船携带着失重的宇航员在太空自由飘浮。推进器开启以后，先是缓慢地，然后逐渐加速。大部分宇航员不会感觉到（只要他们不看相关的仪表），却逐渐被压到了座椅的靠背上。他们会不会想，突然有一个巨大的天体出现在飞船的背后，把他们向后拉呢？或者，是来了一群太空怪物向前猛推他们的飞船？

宇宙飞船开始加速

　　如果你猛然启动汽车，你就会被压到座位上，你是不是会想到爱因斯坦的理论，觉得是有一个星球在往后拉你呢？然而，这却是可能的。重力和加速

"太空怪物"加速度

度对爱因斯坦来说等同于一个概念，尽管我们列举的关于星球和汽车的例子听起来很荒唐。下面我们举一个相反的例子，这里我们同样也会以为是重力在起作用，而实际上只是由加速度而产生的离心力。

E 小实验

取一只塑料瓶，放进一枚硬币，让它停在瓶口位置，然后你抓住塑料瓶口旋转，但你不需要转得很快。这会产生什么结果呢？硬币将通过离心运动离开瓶口跑到瓶底去——也就是尽可能离你远一点儿。

空间站中的人造重力

请把这只瓶子想成一座围绕自己旋转的空间站。它的运动轨迹并不在一条直线上，而是不断地改变方向，因而这也是一个有加速度的运动。空间站很大，可以把它看成是一个直径500米的自动旋转的大车轮。车轮的轮胎里充满了空气，生活着宇航员。那里的一切，就像我们瓶中的硬币一样，被甩在外缘。所有宇航员都觉得是站在空间站最外层的"地面"，而不是自由飘浮在空间。他们可以在500×3.14（圆周率近似值）米即1570米的距离内正常走动，那是一种走在地面上的美好感觉。奇特的是，他们在1570米的通道内可以反复走回出发地点。他们完全可以在这里进行真正的长跑运动，3千米、6千米或者更远。

这样的空间站，宇宙工程师们确实正在设计。因为失重并不方便，物品稍有碰撞就会飞走；如果谁不小心吐了一口唾沫，它就会四处

宇航员在旋转的空间站中跑步

游荡；喝水也很不容易，每一滴水都可能在入口前立即飞向空中——上厕所时也会遭遇同样的问题。对我们的肌肉和骨骼而言，长期失重是非常危险的事情：没有适当的锻炼，很快就会出现肌肉萎缩和骨质退化。因此，如果想在太空中长期停留，最好还应有人造重力。而在一座自转的空间站中，这样的离心力正合适。

如果你在这样的空间站中拿着一只气球，里面填充的不是空气而是氦气，那会发生什么呢？氦气是稀有气体，比空气还要轻很多，因此，一只氦气球在地球上可以飞得很高。那它在空间站又会怎样呢？请你好好想一想，过一会儿我再讲。

Q
小问题

你在娱乐场买了一只氦气球，如果你把它

的牵引线绑在
汽车的地板上，
然后请你的父
亲来一次突然

启动，那会发生什么呢？只要汽车没有开动，气球肯定
会安静而笔直地飘在那里,如果现在给它一个加速度呢？

E 小实验

上一个小实验中用的那只塑料瓶，我
们也可以用来做下面这个实验，而且风险
不大。由于很难往塑料瓶中直接装入氦气，
所以我们用另外一种方法。

　　1.把塑料瓶里装满水，尽可能消除水
中的气泡，然后从一个软木塞上剪下一个
小薄片，放入瓶中。同体积条件下，软木
薄片轻于水，就像氦气轻于空气，会漂在水面上。我们
把瓶子倒过来，让瓶口朝下——当然要把瓶口拧紧——
软木薄片就会升到瓶底的水面，而硬币则会留在瓶口,

因为它比同体积水重。

2. 现在用手抓住瓶颈，小心地平放在手上，然后抓住它转一个圈。发生了什么？硬币当然在离心力的驱使下飞向瓶底，但是软木——这很奇怪——它并不停留在瓶子底部，而是向你冲来，移向瓶口。感到奇怪是不是？不，并不奇怪。因为根据爱因斯坦的理论，加速度和重力是等效的。软木当然也分辨不清。如果说，离心力朝外，把硬币拉了过去，那么软木薄片就会想：等一等，向外的力把硬币，甚至一些水都拉向外面——这必然是重力的作用。我比水轻，所以我必须朝相反的方向，即向内部运动。就像我在水杯中，如果把我按到底部，我会立即浮上水面。

空间站和汽车启动

如果你在旋转空间站做这个软木薄片和硬币的瓶中实验，你根本就不需要旋转。你只需要把瓶底朝下，软木薄片就会立即浮上水面，硬币就会降到下面，因为两者都在"想"，空间站中的离心力就是它们的重力，这是毋庸置疑的。即使在地球上我们的家中，情况也是一样的：你拿着瓶子，不需要旋转，只让瓶底朝下，软木薄片自然会上升，硬币必然会沉底，这都是重力的作用。不论是在旋转的空间站，还是在地球上，效果都是一样的。如果你把眼睛闭上，现在你就可以想象自己是宇航员了。在小词典里，我将为你计算一下，空间站要转多快，才能使你获得和地球上一样大的重力。

绑在牵引线上的氦气球，在空间站会怎么样呢？现在你可以回答："它会像水中的软木薄片那样上升，朝与你脚下地面相反的方向运动，也就是朝着旋转空间站的中心移动。"

现在我们再回到做实验的汽车上。汽车突然启动时，氦气球会是什么样的呢？因为你比同体积空气重得多，你会被紧紧压在后座上。但氦气球轻于同体积空气，所以它应该会往前冲。因为它在这里同样无法区分什么是重力，什么是加速度。如果一个力把所有重的物体都压向后座，那么超级轻的气球必然要向前移动，前面对它来说就是"上面"。真是意外！我们必须承认，加速度有时扮演了重力的角色，事实就是如此。

重力、加速度和光

我们可以用重力和加速度的这种反串的游戏，解释光为什么不得不弯曲。让我们再次回到著名的爱因斯坦电梯里去——这次我们稳稳地站在地面上，拿着一支激光手电筒（爱因斯坦时代当然没有）。你把手电筒打开，光立即照在对面的墙壁上，于是正对面出现一个光点。真的是正对面吗？爱因斯坦说不是。你可以设想一下，电梯假如并不在地球上，而是在太空中被一群神秘的太空怪物推了一个 g。当手电筒的光柱从一面墙飞向另一面墙时，电梯已经向上升高了些许，光点现在应沿着一条弯曲的轨道向下稍微移动了一段。我如果有精确的仪器，可以在电梯中测量出这个小小的差距，那我就会说"这就是我的电梯在运动的证据"。

然而，爱因斯坦却认为这不是什么证据。"向上"的加速度和"向下"的重力是无法区分的。即使电梯安静地停在地球上，光仍然是要向下弯曲的，因为有重力存在，这同样相当于是"从下往上猛推"。而这正是地球弯曲周围的空间所造成的效应。

爱因斯坦就是这么简单地进行了思想实验，但直到人们可以从太阳边缘测出星星弯曲的光时，才相信他的结论，那是1919年。地球对光的弯曲程度实在太小，几乎无法测量出来。但太阳那里就明显多了，因为它的质量比地球大33万倍。

小问题

　　你也可以做这样的思想实验，例如，有这样一个问题：我们又坐进了爱因斯坦电梯，先是飘浮在没有重力的空间，然后被怪物以一个 g 的加速度向上方推动，而我们的光似乎出现了弯曲。另外一次，是让电梯安稳地停在地球上，光被重力弯曲。两次测量的结果是一样的！可是，如果电梯停在地球上，被怪物以一个 g 的加速度突然向上方推动，那又会发生什么呢？

另外，我还将在后面的小词典里讲一讲光线在电梯里弯曲的轨道，否则我们的例子就只适用于恒速运行的电梯了。恒速与有加速度（或重力）是两个截然不同的概念。

07

存在绝对真空吗？

大自然害怕真空吗？

什么是空气？空气是一种什么东西？我们看不见它，也摸不着它。然而，早在物理学诞生以前，人们就认识到了空气的存在。那么人们所说的空气的存在表现为什么呢？

最简单的当然就是风：空气在我们周围流动形成风，把船帆鼓起来，把衣裙吹起来，甚至可以把手中的雨伞吹走，把头上的帽子吹掉。而且从我们嘴里吹出的空气也是风，可以熄灭蜡烛。

还有什么可以证明空气确实存在呢？比如，打气筒、气球、气垫、呼吸、水泡……你还能想到什么？

小实验

以下实验非常巧妙：将点燃的蜡烛立在一个有水的盘子里，再用一个大玻璃杯罩在蜡烛上。蜡烛燃烧片刻后便熄灭了。而杯子里的水却上升了约1厘米，就好像被神秘的力量抽上来似的。这是为什么呢？

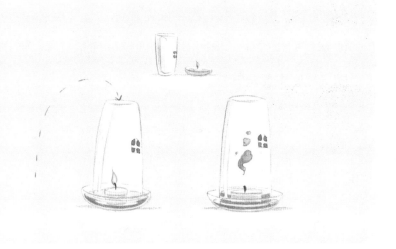

物质燃烧时通常需要空气。红热的木炭可以通过吹气重新燃烧起来。如果你用灰土盖在上面，隔绝了空气，火就会熄灭。实验中蜡烛之所以熄灭，是因为它周围有助于燃烧的空气已经消耗殆尽，玻璃杯里的空气不会太多，消耗掉的空气占据的空间腾了出来，玻璃杯里面的水就上升了。但腾出的并不是整个空间，因为水只是上升了一段。水为什么只是上升一段呢？它为什么要上升呢？为什么不让玻璃杯里一点空气都没有呢？

想回答好第一个问题，其实很棘手。如果说水没有上升到最上面，那就是说，燃烧的蜡烛并没有消耗全部的空气。但如果说，杯中剩余的空气不再有利于燃烧，那它就不应该是真正的空气！那么，是不是还有什么东西和空气一样透明和"空虚"，但无助于燃烧呢？是的，确实如此。空气中有很多成分，我们统称它们为气体。蜡烛需要的助燃气体是氧气，而留在杯子中的气体则主要是氮气。

我们感受到的风主要由氧气和氮气组成——氮气含量甚至超过氧气。每一升的瓶子中大约3/4是氮气，1/4是氧气，另外还有少许其他气体，例如二氧化碳，它在物体燃烧时还会增加。后面的小词典中还将详细说明。

再说后面的问题。杯中的水为什么要费这个力气上升呢？同体积时，它比空气重，照理说应该受地球引力作用而留在底部啊！这样，氮气就会占有更多的空间，因而舒服一些了。但事实不是如此。

之前，人们对此有一个简单的答案：大自然害怕真空，也害怕空气稀薄（当时人们还不知道氮气的存在）。杯子越来越空，大自然由于害怕，在杯子全空之前便把水拉了上来。早在2000多年前，伟大的希腊哲学家亚里士多德就这样说过。

当时人们已经有了水泵，和今天有些类似：将用皮革密封的活塞从一根插入水中的管中抽出来，同时也抽出了水。用这种办法可以把矿井里的水抽上来，以使地底干燥，便于采掘铜或银矿石。其中的道理同样简单：在活塞和水之间本应该出现一个空间，因为水密度大，想留在下面，但大自然害怕真空，便把水拉了上来。

水银是有毒金属，但却是唯一在常温下保持液态的金属单质，人们把它涂抹在玻璃板后面制作镜面。水银密度大，约是水的13.6倍。

300多年前，人们曾用约1米长的装满水银的玻璃管进行液面下降测试。在德意志博物馆里，可以看到很多这样的古代水

矿井里的地下水就是由水车带动数台水泵抽上来的

银玻璃管。如果用手指堵住装满水银的玻璃管口，然后把它翻过来，插入同样放有水银的盘子里，然后把手指拿开，会发生什么事情呢？水银会不会全部流出来？不，只有小部分流入盘子，玻璃管中的水银液面只下降了一点儿，在距离盘子76厘米处停下来。

为什么呢？因为在封闭的玻璃管中，水银下降产生了一个空间。大自然害怕这个空间太大，所以让沉重的水银挡在76厘米处。当时的人们确实是这样想的。但是，用一根2米长的玻璃管做这个实验，水银同样停留在76厘米处，甚至留下了一个124厘米的空间。这是很奇怪的现象。大自然为什么在较长的玻璃管中反倒不那么害怕真空呢？而且完全不管玻璃管的薄厚。

76 厘米

如图，在标准大气压下，任何玻璃管中的水银都只降到76厘米处

我们把玻璃管中的这个空间称为"托里拆利真空"。这是以首次进行这个实验的意大利物理学家托里拆利的名字命名的。

托里拆利真空是真正的真空，但不是绝对的真空，因为绝对的真空是不可能存在的。

水银是有毒金属，我们复制这个实验的话，一定要做好防护措施，以免中毒。

有压力的空气

1658年，法国哲学家、自然科学家帕斯卡请人拿着这样一支玻璃管爬上一座山峰——多姆峰。帕斯卡对水银只下降到76厘米处就停止的现象有自己的看法。

为了简化这个实验过程，人们早已采用U形管做这个实验了，它的一端是封闭的，另一端是开放的，水银柱永远在76厘米处。

76 厘米

在多姆峰上距离地面1000米处，人们发现帕斯卡之前的推测是正确的："大自然对真空的恐惧"在这个山顶上比下面小了许多——水银柱在这里只有67厘米高，空间又大了许多。如果在2962米高的楚格峰上，或许他们只能看到53厘米高的水银柱，而在8848.86米高的珠穆朗玛峰上，或许这个数据将会是23厘米。

67 厘米

E

小实验

　　有毒的水银拿来做实验是有危险性的！但你可以将一截皮管弯成 U 形，先用手指堵住皮管的一端，然后将皮管装满水。

现在你提升封闭的一端，使它越来越高；另一只手托着开放的一端，直到皮管的形状和 U 形管一样。

不管你把封闭的一端举得多高，开放的一端也不会流出水来。如果你不小心松动了堵塞水管的手指，就会发生麻烦，水会立即从开放的一端涌出来。

你认为皮管封闭一端的水能够举多高呢？是像 U 形管中的水银那样大约 76 厘米呢，还是超过 1 米？注意，水比水银密度小。关于这个问题，你可以读一读下面的内容。

其实，这一点帕斯卡事先就已经很清楚。大自然在山谷比在山顶更胆小，这是不可能的，那为什么会发生这样的变化呢？

我们今天已经知道，离地面越高，空气越稀薄，高山上和高空飞机的周围空气更加稀薄。我们在 3000 米以上的山上，呼吸就会变得有点儿急促，必须深吸几口气，我们的肺才能得到足够的氧气；而飞机飞到万米高空时，必须在机舱中人为地制造气压，否则人就无法呼吸，失去知觉。

离地面越高，空气越稀薄，原因是空气在高空中不像在山谷里那样聚集在一起。空气和其他物质一样，也受制于地球的引力——当然比人稍微弱一些，因为同体积下它比人轻。但它可以起着气泵中活塞的作用。这样一种空气活塞从几十千米高

升得越高，周围的空气就越稀薄

空起压迫地球表面的每一个地方。空气在地面上特别浓厚，而在3千米高空就不再浓厚，到了1万米处就十分稀薄了。因此，山谷中的空气对人、对植物和对水银的压力都高于山上的空气。

装有水银的玻璃管的一端必须是开放的，会受到空气的压力，而且十分强大（难以置信的强大），玻璃管另一端76厘米的水银柱在正常空气的压力下不会下降，而在多姆峰上它只有67厘米。我们可以用水银气压计测量气压，水银柱76厘米高时的气压，我们称之为标准大气压。现在，帕斯卡可以解释为什么千百年来抽水泵的管道最长只能是10米了——再长就无法把水抽上来，水在管中抽到10米左右就停止不动了，不管多么用力，活塞只能空着拉上来。水银密度是水的13.6倍，因此水柱液面高于水银液面12倍多。

那么玻璃管中水银之上的"托里拆利真空"有多空呢？肯定要比空气更空！因为水银在这里下降了一段，而外界并没有空气进来。但在我们研究这个问题之前，我向你们介绍一个非常著名的实验，实际是一场表演秀。做这个实验的人与帕斯卡先生生活在同一个时代，他就是马德堡的市长奥托·冯·居里克。

马德堡的"抽气市长"

360多年前，奥托·冯·居里克在残酷的战争中捍卫了他的城市——马德堡。尽管如此，城市还是被毁。但和阿基米德不同，居里克幸运得多——他活了下来。

战后，他才有时间去研究他非常关注的一个问题：有没有真空的空间？对此，他坚信不疑。他还特别相信哥白尼在一百多年前就断言的，包括地球在内的所有行星都在围绕太阳旋转。它们自古以来就这样，那么太空必然是真空的，没有空气和其他物质，否则行星运行时就会有阻力，会逐渐停下来。就像弹球一样，把它弹出去后，它将滚得越来越慢，最后停下，因为地面阻止了它继续前进。而行星不能随便停下来，否则太空将是另外的景象。

奥托·冯·居里克认为，太空必然存在纯空的空间，在地球上也可以制造出这样的状态。他发明了一个气泵（类似当时的水泵），开始从酒桶里往外抽气。但酒桶在短时间后发出一声巨响——破了。奥托·冯·居里克对酒桶被压扁并没有感到很惊奇。酒桶里的空气被抽走以后，外面的大气压力实在太大，此时的酒桶就像一只火柴盒一样被轻而易举地压扁了。

于是，他做了一个著名的半球实验。他首先设计了一只中

空金属球，它由两个金属半球组成。这个中空金属球和居里克气泵，今天都可以在德意志博物馆中看到，它们可是实验的原始"设备"，不是什么仿制品！

两个中空半球中间夹了一个皮圈，这样可以让密封性更好一些，然后奥托·冯·居里克把两个金属半球合在一起，再把里面的空气抽出来。这个金属球经受住了气压，没有被压扁。

怎么才能知道里面的空气没有了呢？奥托·冯·居里克做出了大胆的尝试，作为市长，他知道如何影响公众。他在金属球左右两边都拴上马匹，尽管人们不断向相反方向驱赶马匹，

它们却无法把金属球的两半拉开。这一幕，让在场的所有人目瞪口呆。

这时，人们才相信了难以置信的事实：真空就是这个现象的主角——空气以无比强大的力量把两个金属半球压在了一起！

当大家恍然大悟以后，奥托·冯·居里克如同一位魔法师，十分随意地打开一个阀门，空气呼呼地涌进了球体，两个半球也随即自动分开了。

你可以在德意志博物馆里做这个实验，就在距奥托·冯·居里克的金属球实物几米远的地方：两个只有

手球般大的半球合在一起，只要你扳动旁边的手柄把空气抽出去，就没有人能把它们再分开了。

如此多的马匹也无法把马德堡半球拉开

神秘的真空

　　这是一次绝妙的科学展示，至今仍然极具魅力。然而，居里克的实验却是不完美的，他还远没有制造出真空的空间。为什么呢？即使两个半球之间有皮圈，也不是完全的密封，仍然会有少许空气进到球中。他或许可以把其中30升的空气抽出27升，但这已到了极限，对于更多的空气，他用这种气泵是无法抽出的。

　　而水银玻璃管的效果却更好。玻璃管中的76厘米水银柱是致密的，很难再有空气进入而破坏水银柱上面的空间这个真空。当然也有可能留下一些气泡，但如果仔细做这个实验，那里的空间会比居里克的金属球中的纯净100万倍，这种真空就相当纯净了。

　　那么，玻璃管为什么不会像居里克的酒桶那样被气压挤扁呢？这里的真空虽然相当纯净，但真正的气压不大。关键是，这个玻璃管很小。假如居里克选用较小的酒桶做实验，那它就可能不会被压扁，因为

压力=压强×面积

面积大100倍，气压的破坏力就大100倍。

我们今天用最好的气泵抽出的真空，要比玻璃管真空纯净10亿倍。那么其中是否还留有一丝一毫的空气呢？你们可能不会相信，即使是用现代手段制造的真空，比如这个大约1立方厘米的空间里仍然会有1000个气体分子在游荡。

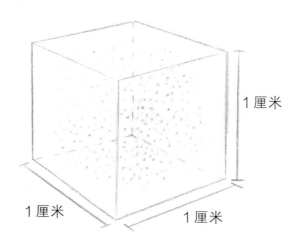

1厘米

1厘米　　　　1厘米

即使在最接近纯净的真空里，1立方厘米的空间里仍然有1000个气体分子在游荡

然而，假如我们能够在银河系的星际之间抓住一个顶针大小的空间，里面仍然可能会有一个细小的物质颗粒，可能有一个氢分子在游荡，也可能一个都没有。我们地球周围的一个顶针大小的空间，比如在月球附近，也还远不是真空的。如果居里克当时进行实验时就已经知道了这些，那他会很绝望的。但他不必感到沮丧，毕竟他是第一个试图把太空"驱赶进"金

属球的人。

暗物质和暗能量

假如居里克读到过关于现代天体物理学的文章，他或许会回应我们："在一个1立方厘米大小的空间里还保留有一个颗粒，这又算得了什么？你们不是一直说，宇宙间还存在一种无人知晓究竟为何物的'暗物质'吗？它在宇宙空间游荡，总质量是已知的原子和粒子的6倍。也就是说在这个从太空中抓住的顶针大小的空间里，还会有6倍的暗物质存在？"

确实，他说的很对，很有可能存在这样的暗物质。在宇宙中，无数星系带领着几亿至上万亿颗星球在旋转，就像我们用调羹在牛奶咖啡里搅动。但各个星系转动得太快，尽管我们不断进行各种计算，都不足以去解释这种旋转。银河系也是一个普通的星系，银河系的旋臂旋转得十分快（在这些旋臂上，我们的太阳也跟着旋转）。银河系也存在一种我们看不见的物质，带动着很多很多的星球旋转，而且这种物质的数量应该是一千亿至几千亿星球上所有物质的6倍。由

银河系及其旋臂包括 1000 亿颗以上的恒星和 6 倍于此的暗物质

于至今还没有人知道这些是什么，所以称其为暗物质。

好在，我们有爱因斯坦，有他的著名公式：$E=mc^2$（能量＝质量 × 光速 × 光速）。

$$E=mc^2$$

我们的宇宙是在140亿年前的一次原始爆炸中诞生的。此后它不断地膨胀，星系就是在这漫长的演化过程中形成的。二十几年前我们才开始知道，宇宙的膨胀速度要比它年幼时期（约80亿年前）加快了许多，原因就在于"暗能量"的作用，暗能量也被视为驱动宇宙运动的一种能量。

140亿年前的大爆炸

根据2013年普朗克卫星给出的最新观测结果：宇宙中暗能量占68.3%，暗物质占26.8%，普通物质只占4.9%。这就好像是你的房间只是一座大房子里的一间，还有19个房间，你根本就不知道里面有什么。除了你的房间，其他都是完全黑暗的，但它们确实存在！正如我们看不见的爱因斯坦太空轨道一样。

我们正等待着下一个"爱因斯坦"来进一步解释这一切。

50亿年以后，太阳将膨胀成一颗红巨星，地球也会开始燃烧，地球上的生命都走向终点

科学小词典

地球内部的地心引力

我们暂且设想，我们将前往一个星球，比如说是地球2号。那里的居民以超高技术挖空了地球2号的内部。这个地球在距离它的"太阳"很远的地方旋转，所以地表十分寒冷，里面却很温暖，因而他们就住在地球里面。地球2号的内部不像我们的地球这样充满炽热的岩浆，生物无法生活。他们生活中产生的一切垃圾都被抛向了外太空。如果地球2号的居民不懂得物理的话，他们会很吃惊，为什么在地心的洞穴中他们都处于失重状态，飘浮在地心空间。

再回到我们的奇幻隧道来吧！我们如果越来越深、越来越快地向地心降落，那我们就只受制于我们下面那部分地球的引力。而上面那部分则在向上拉着我们，这部分在图中被画成红色。现在，下面部分减去灰色的中间圆球，剩下的就是那块绿色。我们可以计算出，绿色对我们的引力与红色对我们的制动力恰好相等。你可以这样认为：红色虽然体积小于绿色，但却距离我们较近，红绿两色部分施加的引力恰好相互抵消。而且

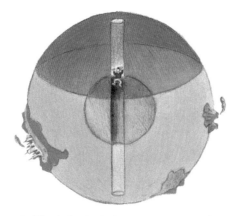

我们下面的“绿色”是引力，上面的“红色”则是制动力，它们正好在我们下降时相互抵消

不论我们在隧道中的什么位置，这都是正确的。而对我们剩余的引力就来自我们急剧下降时直接面对的地球的圆球部分（灰色地带）。如果地球2号的居民继续均匀地挖掘，那么到处都会出现这样的圆洞，地心引力就会完全消失。

在我们的奇幻隧道里，当然不会发生这样的情况，因为我们没有挖掘那么多。还在吸引我们的地心引力（灰色）随着我们的接近，就越来越小。只有到达真正的中心，才会发生像地球2号居民在他们洞穴里那样的情况，在那里我们完全失重，那里已经没有了重力加速度。

假如我们不是这样以28 500千米的时速急剧下降，而是有一只巨手把我们挡住，我们就会挂在地心上，失重而静止。（如果我们不被地心6000℃的高温熔掉的话。）

但是，地球内核的密度要比我们脚下的土地大得多，所以它对我们的引力以及在奇幻隧道里的加速度并不是不变的。但我们的"奇幻结果"却是一样的。

阿基米德

阿基米德生活在公元前287年至公元前212年，是古希腊伟大的哲学家、百科式科学家、数学家、物理学家、力学家，是静态力学和流体静力学的奠基人，并享有"力学之父"的美称。

公元前212年，古罗马军队入侵叙拉古，阿基米德被罗马士兵杀死，终年75岁。根据希腊作家普鲁塔克的讲述，罗马士兵闯入阿基米德的住宅，命令阿基米德去见罗马军队的统帅马塞拉斯。但阿基米德不服从命令，坚持要完成他的计算。士兵一怒之下用剑刺死了他。

无论阿基米德是怎么死的，最为惋惜的就是那位罗马军队的统帅马塞拉斯，马塞拉斯将杀死阿基米德的士兵当作杀人犯予以处决。他为阿基米德举行了隆重的葬礼，并为阿基米德修建了一座陵墓，在墓碑上根据阿基米德生前的遗愿，刻上了"圆柱内切球"这一几何图形，以纪念他在几何学上的卓越贡献。

阿尔伯特·爱因斯坦

爱因斯坦是世界上最著名的物理学家之一。在他的相对论中，他解释了所有的恒速运动。当速度接近光速的每秒约30万千米时，就会出现令人吃惊的现象：例如，时间就会变得很慢。在其广义相对论中，爱因斯坦描述了所有的变速运动，即加速或减速。可以说，爱因斯坦修正了牛顿的经典力学理论。

重力加速度

为了简便起见，重力加速度我们总是笼统地给出$10m/s^2$。准确地说，在地球表面，这个数值更接近$9.8m/s^2$。

地球和月球

地球赤道的直径为12 756千米，两极间的直径为12 714千米，平均半径为6371千米。

地球的质量约为6 000 000 000 000 000 000 000 000千克，就是6后面有24个0！简写为$6×10^{24}$千克，可谓无比巨大。月球的直径为3476千米，质量大约是地球的$\frac{1}{81.3}$，但也有

73 500 000 000 000 000 000 000 千克，即 735 后面有 20 个 0，简写为 7.35×10^{22} 千克。

地球和月球间的平均距离为 384 400 千米，有时近些，有时远些。月球围绕地球运行的轨道并不是规整的圆圈，地球围绕太阳运行的轨道也是如此。

3500 年前，人们大概就是这样设想地球和太空的

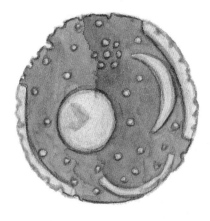

3600 年前的"内布拉星象盘"

地球周长和地球直径

古希腊地理学家和天文学家埃拉托色尼最早使用相当简单的方法确定了地球的周长。

埃拉托色尼在埃及南部旅行时注意到，在阿斯旺附近的塞伊尼，阳光于6月21日中午正好笔直照射进深井之中。在同一天的同一时间，在地中海海边，亚历山大的一根木棍与阳光会有一定的角度，是可以测量出来的。这个角度应该和两地在地心形成的夹角相等，因为太阳的光线相当于是平行照射地球的。这个中心角应该对应于塞伊尼到亚历山大的距离，就像整个地球的角度为360°，与它的总周长恰好相应，计算的方法就是：

360°×塞伊尼至亚历山大的距离÷阴影角度

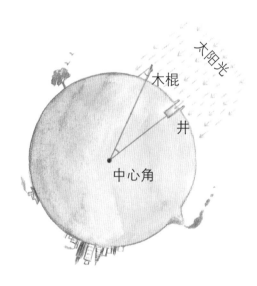

埃拉托色尼已经知道塞伊尼和亚历山大之间的距离为790千米，也知道了亚历山大木棍与阳光的夹角是7.2°，由此他计算出地球的周长约为40 000千米。而地球的直径则是：地球

的周长40 000千米除以圆周率 π（近似3.14），即40 000÷3.14 ≈ 12 740千米。

我们的沙滩测量方法解释起来稍微复杂一些。然而，它毕竟只运用了简单的几何原理。你的眼高我们称之为 h，你测出的时间为 t，地球的半径为 r。如果阳光直接照到你，那你就能够看到大约 $r \times a$ 那么远的地平线，a 是地心角（因为你与地球相比是极微小的，我们可以设想，从你到地平线之间的地球是平的）。现在我们可以利用勾股定理，两个短边平方之和正好是长边的平方：

$$r^2 + (r \times a)^2 = (h + r)^2$$

如果把它们全部计算出来，那么两端的 r^2 就会消去。h^2 与 r 相比也很小，故可以略去。所剩的就是：

$$r^2 \times a^2 = 2r \times h$$

左右两端的r可以被约去一个，就是：

$$r \times a^2 = 2h$$

于是得出：

$$r = 2\frac{h}{a^2}$$

角度a必须转换成为你测量出来的时间t。而在你站起来后，地球还在围绕这个角度继续转动：

$$a = \frac{2 \times \pi \times t}{24 \times 3\,600}$$

（$2 \times \pi$相当于地球转动24小时的360°角；1小时是3600秒。）

得出以米为单位的地球半径：

$$r = \frac{380\,000\,000 \times h}{t^2}$$

由于地球的直径D双倍于此，我们以千米为单位换算：

$$D = \frac{2 \times 380\,000 \times h}{t^2} = \frac{76\,0000 \times h}{t^2}$$

如果你的眼高h为1.52米，而时间t为9.5秒，那么你就可以得出地球直径为12800千米的结果。

但你的测量肯定不会如此完美。最难掌握的是最后一缕阳光消失的时间。另外，傍晚的阳光由于要长时间穿越大气层，所以其照射路径有较大的弯曲。太阳落山时看起来有些被压缩，而不再是规则的圆形。从太阳下边缘射出的光路径相当曲折，因为它穿越大气层的路程较长。

那么，太阳落山时为什么那样红，而不再是黄白色呢？这同样与太阳晚上和早上穿越大气层的路径有关。这时的阳光中，很多蓝光被抛向四方，剩余的多是黄红色光，所以我们看到了红太阳。而整个白天也有一部分蓝光在空气中散去，这使得天空格外的蓝。你可以设想一下，假如情况正好相反会是什么样子？那我们就会整天看见一片红彤彤的天空。

离 心 力

离心力其实并不是真正的力。为什么呢？我们可以看一看博物馆中的摩托车手的模型。任何物体都不会自愿做环形运动，它只愿意站在那里不动，或始终向前做匀速直线运动，这是牛顿首先发现的。同样，如果我们突然让摩托车手模型旋转，它也会仍然想一直往前，离开旋转平台。

但它做不到。如果它能够做到，那它会立即去做的，就像砂轮旋转时产生的火花，并不随砂轮旋转，而是向外飞溅。现在问题来了：假如我们能够坐在砂轮上，从那里观察火花的运动，那我们就会先看到它笔直地出现在我们眼前，被砂轮带了

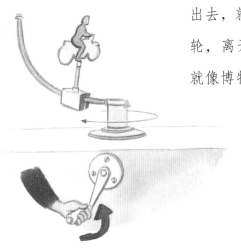

出去，就好像有一条轨道，切过砂轮，离开我们，把火花拉了出去，就像博物馆中摩托车手的运行轨道一样。

只有当我们和砂轮继续旋转（或者我们在意念里进入摩托车手的轨道），我们才能看到这些。因此我们说，必然有一种把它拉出去的力——离心力。实际上，火花只是想从它产生的地点继续往前飞。离心力只是一个错觉，物理学家称这种力为表现力。我们只是以为它是存在的，如果我们跟着运动的话。（爱因斯坦甚至认为重力同样是一种错觉。）

我们的插图只是表现出旋转初期的状态，即产生的火花还在被砂轮拉动。然后，它就会完全自主地向前飞去。

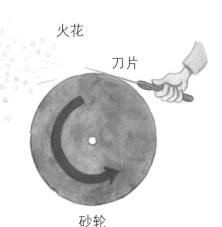

火花

刀片

砂轮

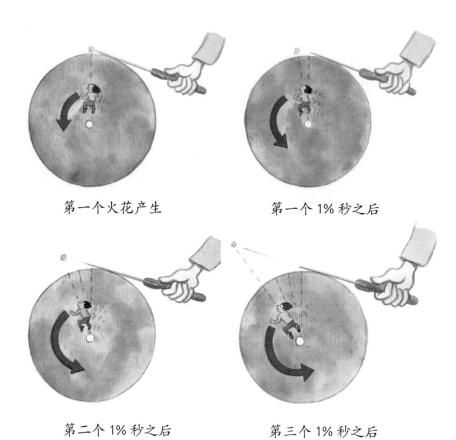

第一个火花产生 第一个 1% 秒之后

第二个 1% 秒之后 第三个 1% 秒之后

下面这个离心力的公式,是300多年前荷兰物理学家克里斯蒂安·惠更斯发现的:

离心力F等于质量m乘以速度v,再乘以速度v,再除以旋转的半径r,即$F=\dfrac{m\times v^{2}}{r}$。

v乘v我们简写成v^{2},也称为v的二次方或v的平方。

根据牛顿的公式:力F等于质量m乘以加速度a,即:$F=$

$m \times a$。我们用它来计算上面提到的离心力，质量可以省略，就成为：离心加速度a等于速度v乘以速度v除以旋转半径r，用数学语言表示：$a = \dfrac{v^2}{r}$。

那么，赤道处的离心力有多大？我们把40 000千米除以24小时，就得到了赤道的线速度，结果是时速1670千米，相当于每秒463米。

我们把这个速度和地球半径代入公式，那么赤道处的离心加速度a就是：

$$a_{赤道} = \frac{463 \times 463}{6\,371\,000} = 0.034\ (\text{m/s}^2)$$

决定我们重量的重力加速度g是9.81m/s^2，也就是比赤道处离心加速度几乎大300倍。

从赤道飞往北极时，你的体重要怎么变化呢？赤道离心加速度我们已经算出来，是0.034m/s^2，它约是重力加速度9.81m/s^{2}的1/300。我们在赤道要比在北极轻一些，是因为地球在自转（我们甚至还要轻些，因为地球在赤道处比两极更"胖"一些）。如果我们现在设想飞机自西向东飞行，飞机的飞行速度只有赤道线速度的一半，即时速835千米，那你就可以计算出，在从西往东的旅行中，体重会比返程时轻2/300。如果你在家时重50

千克，那就是减少了330克左右。

伽利略·伽利莱

伽利略·伽利莱是意大利物理学家和天文学家，他之所以闻名，一是因为他发现了物体高处降落时为什么越来越快的原理，二是因为他与教皇之间的矛盾。他当时出版了一本有异教徒思想的书，在书中，他坚信为哥白尼的观点找到了证据：地球做着双重运动——周期为24小时的自转和周期为一年的围绕太阳的公转。为此，他被终身软禁。之后，伽利略不得不收回了他的观点，才幸免于难。

伽利略时代的天文测量仪器——星盘

重量和质量

用盘秤可以称出你的体重，这是因为地球对你有引力。比如盘秤所显示的是50千克，但这50千克不能说是你的体重，而是你的质量，你的质量永远是不变的——包括在月球上。在月球上，如果你站到同样的盘秤上，盘秤会显示为8千克多一点儿，因为月球的引力只有地球的1/6。其实，盘秤不应该显示多少千克，而应该显示其他东西，即你在每个天体上所受到的引力。每个天体对你的引力，就是你在这个天体上的体重，计算方法是：重力F等于质量m乘以加速度a。在地球上就是：

重力$F = 50 \times 9.81 \approx 500$（牛顿）。

这是为了纪念牛顿而制定的引力标准。你在地球上的重量是500牛顿，其实这才是盘秤应该显示的数据。在月球上，你大约是80牛顿多一点儿。

由于我们很难到月球上去称体重，也不会把土豆或胡萝卜拿到月球或火星去称，所以我们的盘秤还是采用千克为单位。

爱因斯坦电梯中的光柱

基本上如果电梯被怪物以恒速向上推，那么我们的激光手电筒的光柱就会是趋向电梯壁最低点的一道直线。只有当怪物越来越快往上推电梯时，也就是加速时，才会出现光柱轨道弯曲现象，看起来很像是停止不动的电梯下面的星球对光柱造成的弯曲。还有一点我们必须想到，否则光柱不会跟着我们的怪物游戏一起玩，这一点爱因斯坦在谈狭义相对论时也考虑到了：光在真空中永远以同样的速度传播，即每秒约30万千米，它不会由于电梯或其他什么东西的拉动而增加速度。人们很可能认为，手电筒会和电梯一起被推上去，光也同样会这样做，因而不会射到比对面梯壁略低一些的地方。

但是，爱因斯坦却说，光是不会跟着加速度走的，它仍然保持每秒约30万千米的速度（宇宙最快速度），所以它才往下早到一小段——如果怪物以足够快的速度推动的话。

光和卫星导航

1915年，爱因斯坦在他的重力理论——广义相对论中预见到，接近太阳传播的光比远离太阳的光弯度更大。他还预言，直接来自太阳的光线颜色也稍有变化。人们把光的颜色常常也对应于波长，和收音机的波长是同样的道理。太阳在发射无线电波，来自地球或者卫星上的无线电波也按照爱因斯坦理论同样发生了变化，只不过很微弱。

当我们在一个陌生的城市里使用导航系统驾驶汽车时，我们就需要卫星上的无线电波。我们输入"不来梅大街24号"后，卫星上的无线电波立即就在导航系统中进行核对，根据我们所处的位置，告诉我们如何驶向不来梅大街24号。由于卫星的无线电波来自20 000千米以上高空，穿过各种空间时会发生轻微的变化，所以必须进行一定的修正，否则我们就会被误导。如果不进行修正，一个小时以后就可能会出现500米的误差。爱因斯坦的广义相对论的确已经应用到我们的日常生活中。

另外，我们还必须开始思考他的狭义相对论，其研究对象为恒速。

空气由什么组成？

干燥空气的成分有：78%氮气、21%氧气、0.9%氩气、0.03%二氧化碳和一些其他稀有气体等。

博 物 馆

德意志博物馆是世界最大的科技博物馆之一，开放时间为每天9时至17时。你可以前往参观，并在那里做上百种科学实验，以及观察20 000多种仪器、机器、汽车、火车和飞机。本书几乎所有的实验用具，你都可以在物理展厅找到。那里有300多种如杠杆、按钮、摇把、镜头、磁铁等用具供你亲手实践。

艾萨克·牛顿

艾萨克·牛顿是世界上最伟大的科学家之一，他在1687年出版的著作《自然哲学的数学原理》里，对万有引力和三大运动定律进行了描述。这些描述奠定了此后3个世纪里物理世界的科学观点，并成为现代工程学的基础。此外，牛顿阐明了动量和角动量守恒的原理，提出了牛顿运动定律。

牛顿的万有引力定律

质量为m_1和m_2的两个物体之间的引力F等于万有引力常数G乘以m_1再乘以m_2再除以距离r的平方，即：$F = G \times \dfrac{m_1 \times m_2}{r^2}$。

如果物体以千克为质量单位，距离以米为单位，那么得出的力的单位则为"牛顿"。由于万有引力常数是个很小的数字（6.7除以1000亿），如果质量也很小，例如两个各有100千克的人，相距1米时根本就感觉不到相互有什么引力。我们很容易把它计算出来：

$$F = G \times \frac{100 \times 100}{1 \times 1} = \frac{6.7}{10\,000\,000} = 6.7 \times 10^{-7} \text{（牛顿）}$$

这是一个超级弱的力。

而如果其中的一个物体十分巨大，例如地球或月球，情况就完全不同了。对一个站在地球上的100千克重的人来说就是：

$$F = G \times \frac{100 \times 6 \times 10^{24}}{6\,371\,000^2}$$

$$\approx 1000 \text{（牛顿）}$$

我们曾经进行过更简单的计算，地球对人的引力正好是他的体重。也就是说：

重力＝质量×重力加速度＝$100 \times 9.81 \approx 1000$（牛顿）

如果你不是站在地球上，而是站在另一个天体上，如月球或者其他行星上，那么同样要这样计算：

在天体表面的重力＝质量×加速度

算式（如果我们选择地球的卫星月球）：$F = m \times a_{月球}$

这同样适用我们已经知道的万有引力定律：

$$F = G \times \frac{m_1 \times m_2}{r^2}$$

你的体重我们称为m_1，因而我们也可以这样写：

$$m_1 \times a_{月球} = G \times \frac{m_1 \times m_{月球}}{r^2}$$

你的体重 m_1 可以省略（所有物体都以同样速度下降，其质量不起作用），而只保留 $m_{月球}$：

$$a_{月球} = G \times \frac{m_{月球}}{r^2}$$

月球的质量为 7.34×10^{22} 千克，半径为 1 738 000 米。因此，月球的加速度为：

$$a_{月球} = \frac{6.7}{10^{11}} \times \frac{7.34 \times 10^{22}}{1\ 738\ 000^2} = 1.6\,(\text{m/s}^2)$$

$1.6\,\text{m/s}^2$ 约为地球重力加速度 $9.81\,\text{m/s}^2$ 的 1/6，也就是说，在月球上，你的重量只有地球上的 $\frac{1}{6}$，如果在地球上你可以跳 1.5 米高，那么在月球上就会比这高 5 倍，也就是达到难以想象的 9 米高。

地球体积是火星的 6.6 倍，比火星重 8 倍。火星加速度则为 $3.7\,\text{m/s}^2$，你在火星上跳高高度或跳远距离都将是在地球上的近 3 倍。

重力和加速度

爱因斯坦是这样回忆他的天才思想的："那是 1907 年，我一生最幸运的思想诞生了。我坐在伯尔尼专利局我的椅子上，突然有了一个想法：如果一个人自由降落，他会感觉不到自己的体重。我大吃一惊。这种简单的思想实验给我留下了深刻印象，它把我带向了重力理论。"

爱因斯坦大概就是这样回忆这个大胆想法的，几年以后，他就创立了著名的广义相对论。他也曾描写过物理学家坐在一个箱子里被越来越快地拉了上去，但他没有提到过怪物，这是我的发明。假如爱因斯坦能够活到今天，他肯定很愿意亲自在游乐场上试一试速降塔的。

电梯和奇幻隧道：为什么我们什么都感觉不到？

只要我们和电梯一起落入隧道，那么发生的情况就和在游乐场玩速降塔完全一样。我们的抵制加速度的惯性，正好抵消把我们向下拉的重力。这同样也适用于我们身上背的双肩包，或者装在裤兜里的一块石头，一切似乎都失重了。到了地心，没有了加速度，也没有了地球引力，因为我们反正是失重。过了地心，地球又要向回拉我们，但我们的速度很快，可以用我们的惯性抗拒这种引力，因而两者再次相互抵消，我们

再次什么都感觉不到。然而，如果我们在隧道中从新西兰返回时，又会怎么样呢？我们应该有所感觉才对呀？难道就没有一点震动？没有！我们越来越慢，到了隧道尽头，我们会在一瞬间停顿，只是一瞬间，然后又缓慢地被拉回隧道。如果没有窗子可以往外看的话，我们还是什么都感觉不到。不过请等一等，我们必须说，这只适用于南北极之间的隧道。为什么呢？理由请看下一个条目。

你在奇幻隧道中穿行时为什么会撞到隧道壁上？

我们在赤道上挖一条隧道穿越地球，这时你除了有飞快的下降速度外，还得加上时速为1670千米的赤道自转速度。虽然你在开始的几米还感觉不到，因为整个地球带着你和隧道一起转动。

但是，你下降得越深，那里的转速就越小。直到你下降3千米，那里的地球周长就不再是赤道处的40 077千米，而是只有40 068千米（这是十分精确的数据）了。因此，这里的自转速度就变成了40 068除以24小时等于时速1669.5千米了。你的速度却仍然保持着赤道自转的速度，即时速1670千米。这个差距迫使你向侧边运动，于是就撞到了隧道壁上。再下降若干千

米，你就会完全适应了。人们称
这种把你撞上隧道壁的力量为表
现力。

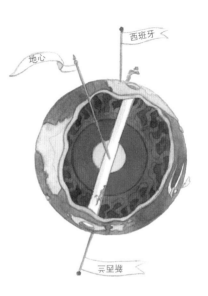

即使在我们的奇幻隧道里，
从西班牙到新西兰，也会有这样
的侧击现象。但是穿行地球的隧
道，也有不发生这种现象的时
候，它在哪里呢？如果你挖一条
从北极到南极的隧道，然后落下
去再返回来呢？那就会十分潇洒，没有侧击现象发生。因为在
两极，你在24小时里只是自转极小的一圈而已。

经奇幻隧道前往新西兰有多快呢？

你越接近地心，重力加速度 g 越小，最终变为0，但平均起
来你仍然可以说：即使你以半个重力加速度穿越我们的隧道，
仍然可以得到接近地心时的高速。这方面，伽利略有另外一个
公式：

速度 v × 速度 v = 2 × 重力加速度 g × 距离 s，即 $v^2 = 2 \times g \times h$

我们现在采用半个重力加速度 g，距离是以米为单位的地

球半径。我们就可以得到：$v^2 = 9.81 \times 6\,371\,000\ \text{m}^2/\text{s}^2$。

我们将其开方，舍去负值，可得速度$v = \sqrt{9.81 \times 6\,371\,000}\ \text{m/s}$，速度大约是 7900 m/s，也就是时速约为 28 500 千米。

这是一个特殊的速度。如果我们用一个火炮或火箭发射架，在地球表面以时速 28 500 千米的速度与地面平行发射，那么炮弹或火箭就会正好以这种不变的速度围绕地球飞行（条件是没有空气阻力和撞上山峰），这其实也是一个天才的思想。人们把这个围绕地球旋转的速度，称为第一宇宙速度。任何比这个速度慢的飞行物，即使没有空气阻力和山峰，最终也必然会落到陆地上或海洋里。

既然有第一宇宙速度，那就必然还有第二宇宙速度。确实如此！第二宇宙速度时速为 40 300 千米。只有达到这个速度，我们的炮弹或者火箭才会离开地球，飞向太空。

你在奇幻隧道中前往新西兰的旅行需要多长时间？

为什么在隧道中飞行的最高速度竟然和在我们头顶围绕地球飞行的人造卫星的第一宇宙速度一样呢？你穿越地球的降落，就像是一次开心的蹦极运动，只不过没有绳索。你从西班牙下去到了新西兰后再回来，然后再去新西兰，周而复始，往返不止。

　　现在，你把小绳拴在手电筒上，在黑暗的房间里摇动成圆圈。一个朋友站在你侧旁观察（这很重要），他就会以为，只是一个光点在上下振荡，就好像拴在一根橡皮筋上上下拉扯一样。而在你的朋友看来，只有这个看起来处于振荡中心的光点，才和你的手电筒围绕你的速度是一样的。这个上下振荡的光点在你朋友的眼里，和你摇动的手电筒显然是同一个东西，问题只是从哪个角度进行观察。物理学家把这称为简谐运动。如果我拨动吉他琴弦，它同样发生振荡，我们听到的就是音乐，此外，摆的振荡和弹簧下面的砝码振荡也可认为属于这一类。所有这些我们都可以用简单的圆形运动进行解释，它们都和手电

筒摇动时的光点一样运动，但你的朋友必须在侧旁观看。因此，你在地心，只有在那里，才有与近地面发射人造卫星时同样的速度。

　　我们现在可以很容易计算出你穿越地球的时间。人造卫星围绕地球一半（从发射点到地球的另一端）所需要的时间，和你穿越整个地球的时间应该是一样的——如果我们的理论和手电筒实验的结果正确的话。人造卫星的速度v等于距离s除以时间t，数学公式就是：$v=\dfrac{s}{t}$。这个公式只有在速度保持不变时才适用，由此得出：$t=\dfrac{\frac{1}{2}\times 40\,000}{28\,500}=0.7$（小时），即42分钟。

　　另外，在围绕地球飞行的人造卫星上，你也是失重的，在我们的奇幻隧道里也一样，至少在两极之间穿越时是这样。还有一个令人感到意外的事情：假如我们设想一个和地球半径6300千米一样长的摆，那么它从一边摆到另一边需要多长时间呢？同样是42分钟，即使我们只让它摆动一个手掌那么宽的距离。

　　为什么在西班牙至新西兰的隧道和德国至挪威的隧道里穿行，所用的时间一样呢？尽管后者的距离要短得多。这一点，也是伽利略首先计算出来的。

在德意志博物馆中，我们在仿制的伽利略的工作室旁边安排了一个实验。在一个平面上，可以让三个球通过三个不同长短的透明玻璃管降落，每次降落的速度都是一样的。最简单的办法是用两个球进行检查。在管的1、2处同时从上面放下一个球，可以在3、4处同时听到着地的声音。同样地，你从3和1处放下球，结果也是一样。虽然笔直降落的加速度会大一些，但其距离也长一些。从3处到4处距离是最短的，其轨道却是平缓的，因而其加速度也小。

像在博物馆中的实验一样，从奇幻隧道前往新西兰或者巴西的降落也是如此。我们可以设想把地球切开，这样我们就有了一个巨大的实验平面，正像博物馆中那个平面。而我们的隧道也可以设想成非常平坦的玻璃管，我们可以坐在车上在里面滑行。

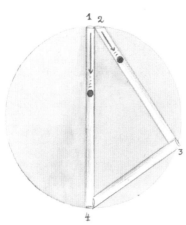

物理中的字母v、t、a、f等符号从何而来？

它们大多来自英文概念的第一个字母：

力：force；

加速度：acceleration；

速度：velocity；

时间：time；

小时：hour。

旋转空间站应该旋转多快，才能制造出效果和地球上一样的重力？

一座直径500米的空间站，也就是半径250米，旋转的速度必须造成和地球上的重力等效的离心力，或者换个说法，把你往外甩的离心加速度必须与重力加速度一样。克里斯蒂安·惠更斯的这个公式，我们已经知道：$a = \dfrac{v^2}{r}$。

这应该和重力加速度g是一样的，即$g = \dfrac{v^2}{r}$。

或者$v^2 = g \times r = 9.81\,\text{m/s}^2 \times 250\,\text{m}$。

那么速度取正值就是：$v = \sqrt{2500} = 50$（m/s），即180 km/h。

空间站的巨大轮网必须以180千米的时速旋转，也就是每分钟大约旋转两圈，只有这样，你才能和在地球上一样"重"。

可惜这种东西至今只能在科幻影片中看到。在一部影片中，有一个极富的恶人制造过这样的空间站。有关转速问题，电影人曾琢磨了许久，下次再看电影时，你就可以很轻易地计算出来了！

"小问题"的参考答案

第6页：球的中心。平面方形的纸板的重心在纸板中心。

第14页：重心确实在外面，在两条腿中间，线绳之下。

重心

第16页：①左边的木棍是稳定平衡，右边是不稳定平衡。

②你可能会得出结论，这既不是不稳定平衡，也不是稳定平衡，因为小棍可以在任意位置上保持静止状态。这个结论已经很好了。我们称这种平衡为随遇平衡。这里的支点恰好在重心的位置。

第23页：那位胖朋友应该坐在另一边离跷跷板中心 $\frac{1}{3}$ 距离的地方。

第28页：眼镜、风筝、铅笔、电脑鼠标都不是杠杆。

第29页：吊车的石头平台必须有2000千克重。

第42页：分力会更大。

第43页：积雪的大部分将顺着斜屋顶落下来。这就是斜坡效应——就像一辆汽车在坡道上行驶。屋顶越是倾斜，斜坡效应就越明显，积雪对屋顶的附着力就越小，所以积雪也会下滑得越快。我们当然可以修建很结实的平面屋顶，可以经受得住积雪的压力。2005年至2006年巴伐利亚（德国南部地区）的冬天，很多人都不得不从屋顶上把雪扫下来，那一年的雪真大！而且，确实有一些屋顶被雪压坏了。

第59页：由于地球的自转，从西往东飞行的速度离心力很大，要更快一些。同理，你在从西往东飞行时体重要轻一些，因为飞行速度被地球的旋转减慢一些。

第88页：当地球的引力消失，月球也会失重的。当然，月球上的一切受制于月球的引力。

第104页：如图：

第109页：光线确实会双倍弯曲。因为除了地球引力所造成的弯曲，还有与太空怪物推动方向相反的惯性，也就是和电梯的重力方向相同的力。

第120页：你确实可以把一根皮管灌10米长的水，如果举高，水不会流出来。因为同体积的水银比水重12.6倍，大气压支撑的水柱高度约为10米，所以古代的水泵可以用10米长的管道抽水。